U0220025

孕前、产前保健与婴儿喂养

实用指南

◎主编 蒋 泓　　◎副主编 黄勤瑾 李 沐

复旦大学 出版社

内容提要

本书共分5章，内容包括围孕期保健、高危妊娠、孕期的婴儿喂养知识储备、出生后第1~6个月婴儿合理喂养及出生后第7~12个月婴儿合理喂养。旨在为备孕夫妇、围生期的准父母、婴儿的父母与照护者及妇幼保健服务提供者传递先进的、科学的孕前、产前保健与婴儿喂养的知识与实践指南。

编写委员会

主　　编：蒋　泓

副 主 编：黄勤瑾

　　　　　李　沐

编　　者：蒋　泓　　复旦大学公共卫生学院

　　　　　黄勤瑾　　上海市浦东新区妇幼保健所

　　　　　李　沐　　悉尼大学公共卫生学院

　　　　　杨东玲　　上海市疾病预防控制中心

　　　　　李笑天　　复旦大学附属妇产科医院

　　　　　周琼洁　　复旦大学附属妇产科医院

　　　　　王　芳　　上海市长宁区妇幼保健院

插图绘制：金　炬

致 谢

　　本书在撰写过程中得到了复旦大学公共卫生学院钱序教授的诸多指导与建议,在此表示衷心感谢!书稿的撰写获得了多个项目的支持——上海市第三轮公共卫生重点学科建设计划(12GWZX0301)、上海市第四轮公共卫生重点学科建设计划(15GWZK0402)、上海市加强公共卫生体系建设三年行动计划(GWIV‐31),在此一并表示感谢!

多哈理论(DOHaD)和生命一千天理论都提出了生命早期阶段的健康对于远期成年期健康的重要影响,随着研究的不断进展,生命早期的概念也早已从出生后提前到了孕期甚至孕前期。

健康状态不仅与一个社会、经济、文化、卫生的发展水平有关,在同一社会相似的社会与经济条件下,健康状态还与个人的健康素养密切相关。健康素养是指"个人获取和理解健康信息,并运用这些信息维护和促进自身健康的能力",而依据可靠的信息来源提高自身的健康素养对于改善健康至关重要。

本书关注生命早期阶段的健康,通过循证方法,以世界卫生组织、联合国儿童基金会、中国营养学会等专业机构颁布的健康指南为基础,围绕孕前期、围生期、婴儿期3个重要阶段,阐述各阶段最主要的健康问题,提供可靠的生命早期保健知识。内容包括了孕前期的核心保健内容、围生期高危妊娠的概念与早期识别方法、婴儿期的喂养知识。

本书适合于准备孕育新生命的备孕夫妇、正处于围生期的准父母或婴儿的家长与照顾者;亦适合于为上述人群提供孕前期、围生期和婴儿期保健服务的医务人员。每个知识点均由一段150~200字的短语概括，可作为手机短信或其他基于现代通信技术开展保健服务的内容。知识点后有较为详细的知识解读，就短语的内容进行翔实介绍，利于读者理解知识点的含义。

希望本书能为大家了解与知晓孕前期保健、提高对围生期高危妊娠的认识，以及为婴儿合理喂养进行知识储备提供可靠的帮助。

蒋　泓

2018 年 3 月

目 录

第一章

围孕期保健

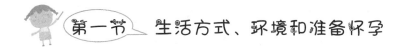

第一节 生活方式、环境和准备怀孕

一、有准备、有计划地怀孕

　　计划受孕最好在男女双方都处于体质健壮、精神饱满的条件下进行。尤其是女方,如果怀孕前有某些疾病的话,对妊娠和胎儿都是不利的。女性最佳生育年龄为25~29岁,男性为25~35岁;排卵期(下次月经来潮前14天左右)同房能增加怀孕机会。如果想要进一步得到更多指导,建议双方进行孕前检查,咨询医生以获得更有针对性的建议。

知识解读

　　父母的健康是优化下一代身体素质的基础。计划受孕最好在男女双方都处于体质健壮、精神饱满的条件下进行。特别是女方,妊娠常会使病情加重,疾病又可能增加妊娠和分娩的并发症,对胎儿生长发育也不利。而且在患病期间,大多数情况下都需要使用一些药物,有的药物对胎儿发育会产生不良影响;反之,如果在用药期间受孕又会增加疾病治疗上的困难。

1. 生育年龄的选择

从医学和社会学观点来看,女性最佳结婚年龄为 23～25 岁,男性为 25～27 岁,最佳生育年龄女性为25～29岁,男性为 25～35 岁。如过早生育,女方生殖器官和骨盆往往尚未完全发育成熟,妊娠与分娩的额外负担会对母婴健康产生不利影响,也会增加难产机会,甚至造成一些并发症或后遗症。而且,过早承担教养子女的责任,会影响工作、学习和家庭生活的安排。但也应当避免过晚生育,一般女性最好不要超过 30 岁。因为年龄过大,妊娠、分娩中发生并发症(如宫缩乏力、产程延长、产后出血等)的机会增多,难产率也会增高。尤其在 35 岁以后,卵巢功能逐渐趋向衰退,卵子中染色体畸变的机会增多,容易造成流产、死胎或畸胎。如能选择最佳年龄生育,这个时期是生殖力最为旺盛阶段,精子和卵子的质量较好,计划受孕容易成功,难产的机会也少,有利于下一代健康体质的提高。

2. 受孕季节的选择

很多学者建议选择夏末秋初受孕,第二年春末夏初分娩较为理想。据统计,夏秋受孕的妇女出生脊柱裂、无脑儿畸形的机会明显低于冬春季受孕者。而且,早孕反应阶段正值秋季,已避开盛夏对食欲的影响,秋季蔬菜、瓜果供应齐全,容易调节食欲、增加营养。当进入易感风疹、流感等疾病的冬季时,妊娠已达中期,对胎儿器官发育的影响已减少。足月分娩时正是气候宜人的春末夏初,有利于新生儿适应外界环境,从而能良好地生长发育。但在实际生活中,还应从男女双方健康情况、工作与学习负担等因素全盘考虑。

3. 推算排卵期的方法

根据女性生殖系统正常的周期性生理变化,采用日程推算、基础体温测量和宫颈黏液观察等方法,自我掌握排卵规律,鉴别"易孕阶段"和"不易受孕阶段",通过择日性交,从而达到计划受孕或计划避孕的目的。基本原理为:卵子排出后一般只能存活 12～24 小时,精子在女性生殖道内通常只生存 1～3 天(最多为 5 天)。因此,一般来说,从排卵前 3 天至排卵后 1 天最易受孕,即称为"易孕阶段"。选择"易孕阶段"性交才有可能使计划受孕成功。常用的 3 种推算排卵期的方法:日程推算法、基础体温测量法和宫颈黏液观察法。3 种方法各具特点:日程推算法可用来计算排卵前的"易孕期",即下次月经来潮前 14 天左右;基础体温法可测算排卵后的"不易受孕期";宫颈黏液观察法则能预测排卵的发生,并有助于确定排卵已经过去。如将 3 种方法结合起来应用,收效更大。

4. 推算预产期

按末次月经第 1 日算起,月份减 3 或加 9,日数加 7。如末次月经第 1 日是 2007 年 9 月 10 日,预产期应为 2008 年 6 月 17 日。若孕妇只知农历日期,应先换算成公历再推算预产期。实际分娩日期与推算的预产期有可能相差 1～2 周。若孕妇记不清末次月经日期或哺乳期尚未月经来潮而受孕,可根据早孕反应开始出现时间、子宫底高度,以及 B 超检查的胎囊大小(GS)、头臂长度(CRL)、胎头双顶径(BPD)及股骨长度(FL)值推算预产期。

二 补充叶酸

1. 请问你听说过叶酸吗? 准备孕育健康又聪明的宝宝的你,可要注意啦,这是一种重要的 B 族维生素,在胚胎发育的第 3～4 周胎儿神经管闭合,叶酸缺乏会影响神经管闭合而导致脊柱裂和无脑畸形为主的神经管畸形。由于我们人体无法自身合成叶酸,必须从每天的食物中摄取,含叶酸比较丰富的食物有动物肝脏、鸡蛋、豆类、绿色蔬菜及水果等,你记住了吗?

2. 由于食物中叶酸的生物利用率并不高,而且容易受到季节因素、烹饪习惯、饮食偏好等许多因素的影响,所以国内外专家建议每个育龄期女性,从计划怀孕前 3 个月开始至怀孕后的头 3 个月内,每天补充叶酸 0.4～0.8 mg,或经循证医学验证的含叶酸的复合维生素。曾经生育过神经管缺陷胎儿的孕妇,则需每天补充叶酸 4 mg。

 知识解读

神经管缺陷是在新生儿中最多见的先天畸形,美国报道的发生率是 1‰,英国北爱尔兰、印度和欧洲少数民族中发生率为 12‰。神经管缺陷的发生原因并不十分明确,95％神经管缺陷的发生与不良家族史有关,叶酸和锌的缺乏是可能致畸的原因,其他的高风险因素还包括母亲糖尿病、酗酒、服用抗癫痫药物等。

叶酸是一种水溶性 B 族维生素,人体无法合成,必须从食物中摄取。在胚胎发育的第 3～4 周胎儿神经管闭合,叶酸缺乏会影响神经管闭合而导致脊柱裂和无脑畸形为主的神经管畸形。研究表明,在分娩神经管畸形儿母亲的血液及羊水中同型半胱氨酸的水平有轻度升高，这种独立的致畸因子与神经管缺陷关系密切，叶酸可以使同型半胱氨酸转化为蛋氨酸，降低同型半胱氨酸水平，从而减少50%～70%神经管缺陷儿的发生。

叶酸广泛地存在于肉类和蔬菜中，良好的食物来源是动物肝脏、鸡蛋、豆类、绿色蔬菜及水果。造成叶酸缺乏的原因很多，如季节因素、饮食偏好、烹饪方法与习惯、酗酒、服用避孕药和抗癫痫药物等。尽管食物中叶酸来源丰富，但由于其生物利用率较低，从日常饮食中摄取叶酸或者使用叶酸强化食物，均无法明显提高血浆的叶酸浓度。

因此，专家建议增补小剂量叶酸片可预防胎儿发生神经管缺陷，从计划怀孕前3个月开始至怀孕后的头3个月内，每天补充叶酸0.4～0.8 mg，或经循证医学验证的含叶酸的复合维生素。既往发生过神经管缺陷的孕妇，则需每天补充叶酸4 mg。

三、合理营养

想要一个健康的宝宝，你应该注意合理的营养，保持合理的体重。体重过轻、超重、肥胖的孕妇更容易在妊娠期发生妊娠高血压、妊娠糖尿病等并发症；其胎儿也会造成低体重儿、难产、出生缺陷等不良结局。现在，就来算算自己的体重指数（BMI）吧！BMI＝体重（kg）/身高^2（m^2）。BMI≤18.5为体重过轻，BMI≥25为体重超重，BMI≥30为肥胖。

 知识解读

母亲营养不良（BMI≤18.5）有10%～19%发生在发展中国家。体重过轻多数与身高过矮(身高≤145 cm)有关,这些情况多数存在于低收入国家。在这些国家,长期存在食物匮乏现象。母亲体重过轻会导致胎儿发育不良。母亲身材矮小也会在孕期和分娩时,使母亲和孩子都处于危险状态,胎儿也可能发生低体重儿,这样也会增加新生儿死亡率。这些孩子成年后,较其他人在罹患慢性疾病,如糖尿病、心血管疾病的风险更高。

全球约有35％成年女性存在体重超重现象。超重(BMI≥25)和肥胖(BMI≥30)是妊娠的危险因子。这两种情况在孕前更容易使妇女患高血压,在妊娠期可能发展为子痫、子痫前期。

超重和肥胖也会对围产儿造成不良结局,如死胎、难产、出血、出生缺陷。超重孕妇孕育的婴儿可能会出现体重过重,在儿童期、青少年期可能会造成肥胖或2型糖尿病。

肥胖与2型糖尿病、不孕不育、胆囊疾病、活动受限、关节炎、睡眠呼吸暂停、呼吸障碍、社交能力障碍、各种癌症均有一些的相关性。而始终处于超重状态,以及在怀孕期持续超重状态,都可能发展为糖尿病。

重视合理营养,培养良好的饮食习惯。纠正偏食习惯,因为偏食易致营养素缺乏而使不良妊娠的发生率增加。近年的研究证明,孕前及孕初期服用叶酸,可降低胎儿神经管畸形的发病率。因此,孕前应多食含叶酸的食物,如肝、肾、蛋等动物性食品和菠菜、芹菜、莴苣、橘子等蔬菜、水果或加服叶酸片。

四、适当的体力活动

保持适当的体力活动对身体是有益的,而拥有健康的身体对怀孕是至关重要的。世界卫生组织建议18～64岁成年人应每周至少完成150分钟中等强度的有氧活动(如快走、做家务等),或每周累计至少75分钟高强度的有氧活动(如跑步、爬山、游泳等)。所以,准备好了吗,让我们现在就动起来!

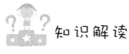 **知识解读**

有充分证据显示,与身体活动较少的成年男性和女性相比较,身体活动较多的人:全原因死亡率,冠心病、高血压、脑卒中、2型糖尿病、代谢综合征、结肠癌、乳腺癌和抑郁症患病率均较低;髋部或脊椎骨折的风险一般较低;具有较高水平的心肺功能和肌肉健康;更有可能保持健康的体重。

为增进心肺功能、肌肉和骨骼健康,减少慢性非传染性疾病和抑郁症风险,建议如下:①18～64岁成年人应每周至少完成150分钟中等强度有氧活动,或每周累计至少75分钟高强度有氧活动,或中等和高强度两种活动相当量的组合。②有氧活动应该每次至少持续10分钟。③为获得更多的健康效益,成人应增加有氧活动量,达到每周300分钟中等强度或每周150分钟高强度有氧活动,或中等和高强度两种活动相当量的组合。④每周至少应有2天进行大肌群参与的增强肌肉力量的活动。

身体活动强度是指身体活动的做功速率或进行某项活动或锻炼时所用力量的大小,可以认为是"完成活动的用力程度"。不同类型身体活动的强度因人而异。身体活动的强度取决于个人以往的锻炼情况及其相对健康程度。因此,以下实例仅作为指导,因人而异。

中等强度身体活动(3～6 METs①)——需要中等程度的努力并可明显加快心率。中等强度锻炼的例子包括：快走、跳舞、园艺、家务、传统打猎和聚会、与儿童一起积极参与游戏和体育运动/带宠物散步、一般的建筑工匠工作(如铺瓦、刷油漆)、搬运中等重量的物品(<20 kg)。

高强度身体活动(约>6 METs)——需要很大的努力并会造成呼吸急促和心率显著加快。高强度的锻炼例子包括：跑步、快速上坡行走/爬山、快速骑自行车、有氧运动、快速游泳、竞技体育运动和游戏(如足球、排球、曲棍球、篮球)、用力铲挖或挖沟、搬运沉重物品(>20 kg)。

五、接种疫苗(预防感染性疾病)

(1) 准备怀孕的女性朋友们,也许你还没有听说过风疹,它是一种通过呼吸和直接接触传播的急性病毒性传染病。准妈妈们如果恰巧在孕前或怀孕早期感染了风疹病毒,那么就有可能发生流产或者死胎;而且病毒还会经胎盘感染胎儿,导致胎儿先天性白内障、先天性心脏病、耳聋等全身各系统的损害,即先天性风疹综合征(congenital rubella syndrome, CRS)。所以,如果你准备在不久的将来孕育一个健康的宝宝,建议你最好先做风疹病毒抗体检测。

(2) 如果你已经做了血清风疹抗体检测,那就需要简单了解一下化验结果：风疹病毒 IgG 抗体阳性,那就恭喜你已经有自身免疫力了;

---

① 通常用代谢当量(METs)表示身体活动的强度。MET 是一个人工作时的代谢率与休息时代谢率之间的比率。一个 MET 系指静坐时的能耗,相当于消耗 1 千卡/(千克·小时)的热量。据估计,与静坐相比,一个人消耗的热量在进行中等强度活动时可达 3～6 倍(3～6 METs),在进行高强度活动时可达 6 倍以上(>6 METs)。

如果 IgG 抗体阴性，而 IgM 抗体阳性，那说明你近期有过风疹感染，要暂缓怀孕并复查 IgM，等这个指标转阴后才考虑怀孕；如果你上述两个抗体都是阴性，那么在确认你目前并没有怀孕以后，可以接种风疹疫苗，并在接种 3 个月后再怀孕。

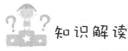 知识解读

风疹是由风疹病毒引起的急性传染病，在儿童和青壮年中较为多见。在不同的国家，风疹的周期性流行和范围都有很大的差异。患者感染后，风疹病毒会在眼部、鼻咽部黏膜中大量复制，并通过呼吸道飞沫传播。孕妇感染风疹后病毒会感染胎盘并传递给胎儿，患有先天风疹的胎儿出生后通过呼吸道和尿液分泌病毒的时间可以达到 1 年或更长。

孕妇在妊娠之前或是妊娠早期感染了风疹，会导致流产、死胎，新生儿则可出现先天性风疹综合征，包括心脏畸形(如肺动脉瓣狭窄、动脉导管未闭、室间隔缺损)、眼部疾病(白内障、青光眼、小眼、脉络膜视网膜炎等)、听力障碍、小头畸形和智力发育不全等。风疹疫苗应用之前，在疾病流行周期内 CRS 在活产儿中的发生率为 0.8‰～4‰，间歇期则为 0.1‰～0.2‰。研究表明，如果恰巧在妊娠之前或妊娠早期 8～10 周感染风疹病毒，那么胎儿发生多发畸形的可能性达 90%。如果妊娠 16 周之后感染风疹病毒，则与胎儿畸形的关联明显减少，但仍有可能导致胎儿听神经的发育异常。

在风疹病毒感染后的 14～18 天，血清中可以检测到抗体，与斑状丘疹出现的时间比较接近。血清中 IgG 抗体和 IgM 抗体几乎同时出现，但 IgM 抗体很快会消失，8 周后已经无法检测出，IgG 抗体则长期

存在。特异性 T 细胞免疫在体液免疫 1 周后开始出现并且持续终身。尽管各国对于 IgG 抗体的有效保护浓度意见并不完全一致,但是比较一致的观点是 IgG 抗体≥10 IU/ml 就能起到保护作用。

尽管风疹的复发极为罕见,但也有文献报道妊娠期间的风疹再感染可导致胎儿的先天性风疹综合征。

六、合理用药

1. 任何药物在人体内代谢都需要时间,有些药物的代谢速度比较慢,有些会影响胎儿发育。因此,若你准备怀孕,应该注意:在医院因病就诊时,记得主动告知医生近期怀孕的打算;当你在服药的时候还不知道自己怀孕,也不必惊慌,可以及时向医生咨询,尽量避免发生流产;非处方药物和中药也可能存在一定的不良反应,请慎重对待喔。

2. 对于患有癫痫、高血压、支气管哮喘、甲状腺功能亢进(甲亢)、心律失常等慢性疾病的育龄期女性而言,往往需要长期服药。在备孕期间,建议你不要因为担心药物对胎儿发育的影响而自行停药,因为这样可能会对你和胎儿的健康造成更大的伤害。正确的做法是及时寻求专业医务人员的帮助,综合评估疾病本身和药物对怀孕的影响,并选择最合适的药物和生育时机,帮助你顺利孕育一个健康的宝宝。

 知识解读

1. 药物对胎儿的影响

妊娠前期及妊娠期间,药物可以通过影响母体的内分泌、代谢等间接影响胚胎,也可以透过胎盘屏障直接影响胎儿。最严重的是药物毒性影响胚胎分化和发育,导致胎儿畸形与功能障碍。药物对胚胎的影响大致可以分为以下几个时期。

(1) 妊娠前期:从卵子发育成熟到卵子受精时期。在这段时期内,使用药物一般比较安全。但要注意如果是体内半衰期较长的药物,它可能会影响胚胎的正常生长。

(2) 受精第1~14日:受精卵发育到胚胎形成。这段时期里,如果药物导致大量囊胚细胞受损,会导致胚胎死亡。如果只有少数细胞受损,不影响其他囊胚细胞的最终分化发育成为正常个体。

(3) 受精第15日至妊娠3个月左右:该期是经典的致畸时期。这段时间内,首先是心脏、脑开始分化发育,继而是眼、四肢、性腺与生殖器官等。由于各种器官、躯干、四肢在这短短的时间内迅速分化,所以极易受到药物毒性等各种致畸因素的影响。而正在分化的器官一旦受到影响,就可能形成畸形。这段时间内,药物毒性作用越早,发生畸形的可能越严重。

(4) 妊娠3个月至分娩:胎儿各主要器官基本分化完成,继续发育生长。这段时期药物致畸的可能性大大降低。但有些药物仍可能影响到胎儿正常发育。

2. 妊娠药物危险性分级

为了使药物对胎儿影响情况有个较为系统的认识,方便临床工作者查阅与使用,1979年美国食品和药品管理局(FDA)按照药物对胎儿的危险性等级制定以下分类。

A级:经临床对照研究,无法证实此类药物在妊娠期间对胎儿有危害作用,所以对胎儿伤害的可能性最微小,是没有致畸性的药物。

B级:经动物实验研究未见对胎儿的危害。无临床对照试验,没有得到有害的证据。可在医生观察下使用。

C级：动物实验表明可能对胎儿有不良影响。没有临床对照试验，只能在充分权衡药物对孕妇的好处、胎儿潜在的利益和危害情况下，谨慎使用。

D级：有足够证据证明对胎儿有危害。只有在孕妇有严重疾病或受到生命威胁急需用药，应用其他药物虽然安全但无效时考虑使用。

X级：各种实验证实会导致胎儿异常，除了对胎儿造成的危害外，几乎没有任何益处。本类药物禁用于孕前或妊娠期间。

七、避免接触工作场所中的有害物质

1. 在周围环境中可能会接触到不少重金属物质，特别是长期职业性接触，就可能对人体产生一定程度的生殖毒性，影响正常生育。所以，孕前夫妇双方都应该加强自身防护，减少大剂量接触有毒、有害物质的机会。建议你阅读我国《女职工劳动保护特别规定》，其中明确列出了女性孕期禁忌从事的劳动范围，对照一下看自己从事的职业是否属于禁忌范围。

2. 如果你目前从事的工作与铅矿开采和冶炼、含铅油漆、蓄电池、电缆、印刷业、锡焊、陶瓷配釉等生产有关，那么在这些工作场所就可能接触到铅及其化合物。而铅中毒可以影响男性精子质量，也可导致女性月经不调，造成贫血、流产、死胎，同时对胎儿发育可造成不良影响。所以平时，请一定注意个人卫生并做好各种防护措施，这点在怀孕前尤为重要。

3. 如果你目前从事的工作和汞矿开采、冶炼、农药、温度计、整流器、紫外线灯、染料等生产有关，那就一定要注意防护汞中毒。因为汞是一种液态金属，在室温下就会蒸发，从而污染周围场所。而汞化合物不仅可能导致胎儿畸形,也可能影响胎儿的各个方面。同时,准备怀孕的夫妇们最好不要吃那些可能被汞高度污染的海洋鱼类(鲨鱼、剑鱼)和有壳的水生动物(海蟹、龙虾)等。

 知识解读

女职工在孕期禁忌从事的劳动范围

1. 作业场所空气中铅及其化合物、汞及其化合物、苯、镉、铍、砷、氰化物、氮氧化物、一氧化碳、二硫化碳、氯、己内酰胺、氯丁二烯、氯乙烯、环氧乙烷、苯胺、甲醛等有毒物质浓度超过国家职业卫生标准的作业。

2. 从事抗癌药物、己烯雌酚生产,接触麻醉剂气体等的作业。

3. 非密封源放射性物质的操作,核事故与放射事故的应急处置。

4. 高处作业分级标准中规定的高处作业。

5. 冷水作业分级标准中规定的冷水作业。

6. 低温作业分级标准中规定的低温作业。

7. 高温作业分级标准中规定的第三级、第四级的作业。

8. 噪声作业分级标准中规定的第三级、第四级的作业。

9. 体力劳动强度分级标准中规定的第三级、第四级体力劳动强度的作业。

10. 在密闭空间、高压室作业或者潜水作业,伴有强烈振动的作业,或者需要频繁弯腰、攀高、下蹲的作业。

八、避免接触生活环境中的有害物质

1. 蔬菜、水果是健康生活不可缺少的食物,但现代农业生产中使用低毒性杀虫剂仍会在蔬果上造成一定的残留。一般来说,叶菜类比豆菜类的农药残留物会高出 6 倍多。柑橘等果皮较厚的水果,杀虫剂大多聚集在果皮上,而苹果等果皮较薄的水果,杀虫剂则可能会渗入果肉中。所以,首先要选购经过检验的时令蔬果;其次是采用正确的清洗步骤,去除外叶和果皮,不要切碎后再浸泡,注意避免二次污染。

2. 新婚的你如果入住的新居是刚装修好的,那你可要注意建材和家居装饰材料中是否含有害化学物质和放射性元素,长期接触或者吸入会影响你的健康和受孕能力,也会对宝宝的发育造成不良影响,严重情况下还会诱发癌症。所以在你居住新家前,最好开窗通风 6 个月以上或者经专业人员检测环境合格后再入住准备怀孕,这样对你和宝宝都比较好。

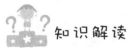 知识解读

研究表明,各种不明原因的自然流产、胚胎停止发育及不孕症有增加的趋势,目前环境污染暴露与上述不良妊娠结局之间的关系越来越引起人们的关注。随着工农业的发展,环境和工业化合物日趋增多,有些化学物质具有类似激素的作用,干扰内分泌功能,从而引起机体或后代有害的健康效应,称为环境内分泌干扰化合物(endocrine disrupting chemicals, EDC)。EDC 广泛存在于自然界,通过工业生产,垃圾和塑料制品焚烧,日常生活中如使用化妆品、清洁剂、农药残留等途径会影

响水源、土壤、空气,从而使育龄期女性暴露于 EDC 的机会增多。研究表明,EDC 具有生育毒性,孕期接触 EDC 的孕妇分娩的婴儿,其血清雌激素活性偏高,增加男性胎儿假两性畸形的发病率。己烯雌酚暴露的妇女中,足月妊娠人数比非暴露组少,而早产和自发流产者较多。有机氯农药在人体内残留物对胎儿生长发育有毒性作用,同时导致不良妊娠结局增多。重金属铅、镉、汞、砷等污染对人体和动物的生殖功能也有毒害作用,主要是影响受精卵的着床。

建筑装饰材料是目前造成室内空气污染的主要来源。甲醛、苯系物、氨、可挥发性有机物、放射性氡元素等是室内装修材料释放到空气中的主要污染物。接触苯可造成流产、死胎或胎儿畸形。甲醛不仅具有遗传毒性,而且可增加某些肿瘤的发生率。国内相关研究显示,孕期或怀孕前半年内进行过装修,且能闻到异味的时间在 3 个月以上,可显著增加早期自然流产的发生率;随着有异味时间延长,早期自然流产的相对危险度增加。其中,装修异味≥3 个月的相对危险度最高。

九、健康生活方式

在你和丈夫准备孕育新生命之前,是否知道你们俩的行为方式和宝宝的健康有着非常密切的关系?许多不良的生活和行为方式都可能影响你的受孕和胎儿的正常发育。所以,准备怀孕的夫妇们,请下定决心,从今天起做到不吸烟、不饮酒,远离成瘾性的镇痛药,少用化妆品和染发剂,保持良好的卫生习惯,注意口腔卫生,适量的运动,避免长时间连续使用电脑和看电视,准备迎接可爱的新生命吧!

知识解读

1. 吸烟的危害

香烟烟雾中含有多种有害成分,如一氧化碳、尼古丁、硫氰酸盐以及卷烟中的铅、镉等,其中有些物质进入人体后具有一定的蓄积性,可能会长期在体内产生影响。长期吸烟可导致男性精子数量和质量均下降,影响男性生育能力;对女性而言,吸烟可以影响到包括卵泡形成、甾体激素分泌、胚胎着床、子宫内膜形成、子宫肌层和血供在内的生殖健康的每一个环节。

研究表明,吸烟的女性发生不孕的风险远高于不吸烟的女性,同时,自然流产和出生缺陷的发生率也有所增加。在全球范围内,15岁以上成年男性中有36%是吸烟者,女性则为8%,但只有20%的吸烟女性能在孕期成功戒烟。专家建议:准备怀孕的女性最好在孕前戒烟,因为孕前可以有更充足的时间来适应,也能使用更多样性的治疗方案。不容忽视的是,有相当一部分女性受到二手烟的影响,长期吸入二手烟会增加胎儿宫内发育迟缓及低出生体重的风险,而在父母吸烟环境中成长的婴儿更易患呼吸道疾病(哮喘、支气管炎)、耳部感染和婴儿猝死综合征。

2. 饮酒的危害

酒精对生殖细胞会造成一定的损害,对男性嗜酒者来说,酒精能通过损害睾丸生精上皮和影响性激素的合成直接或间接地影响精液的质量;对于女性嗜酒者,则会引起生殖功能紊乱,包括月经失调、生育力下降、自然流产、不孕等。而在酒后尤其是酗酒后怀孕可造成"胎儿酒精综合征"(宫内发育迟缓,面部、骨骼、四肢和心脏等器官的畸形)。胎儿酒精综合征在活产儿中的发生率为 0.5‰～2‰,但是在某些国家可能高达 2‰～7‰。

3. 成瘾性物质滥用

长期使用吗啡、哌替啶等成瘾性镇痛药及摇头丸、冰毒,可造成男性精子质量下降;女性会出现月经不调、不孕、闭经、早产、流产、死胎。血液中的这些物质还能通过胎盘进入胎儿体内,造成分娩的新生儿患上戒断综合征。

 十、保持心理健康

1. 生育孩子是人生大事,宝宝的到来会给每个家庭带来幸福快乐,也会给刚为人父母的年轻夫妇带来压力,使他们无所适从。所以在准备怀孕前,夫妇双方都应慎重考虑,尽量与家人达成共识,及时调整自己的学习或者职业规划,做好充分的心理准备,在稳定而良好的情绪状态中备孕,这样将有利于顺利地度过怀孕和分娩时期,对宝宝的健康发育都很有好处。

2. 不少女性在怀孕前后会有一些较为剧烈的情绪波动,产生焦虑或者抑郁的情绪,这样的情绪可能会影响孕妇体内的激素分泌,影响受孕。孕早期的不良情绪波动有可能会影响早期胚胎发育,甚至导致流产。所以说,孕前保持宁静而愉快的心情是很重要的喔!如果你以前有过产后抑郁,或者发现自己在较长时间内一直陷于沮丧或者非常焦虑的情绪中,那就需要到专业机构向医生咨询,寻求帮助。

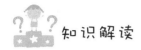知识解读

(一) 常见的精神疾病

1. 精神分裂症

精神分裂症是一种病因未明的精神疾病,多起于青壮年,常有感知、思维、行为等多方面障碍和精神活动的不协调,一般没有意识和智力障碍。如不及时治疗,病程容易迁延呈慢性。临床表现为个性改变、情绪改变、多疑、幻觉等。多数专家认为其发病与遗传因素、心理社会因素和器质性因素有关,病程长短不一,多迁延,易复发。

2. 抑郁症

抑郁症的表现是心境抑郁、悲观失望、兴趣和精力减退等情感型精神障碍。临床表现有情绪低落、悲观、抑郁、消极、对生活和前途丧失信心、终日呆坐、言语减少、睡眠差,严重时有轻生念头,症状持续 2 周以上。专家认为其发病与遗传、心理社会因素和神经生物学有关。

3. 躁狂症

躁狂症是表现为情绪高涨、活动过多、自我夸大等的精神障碍。常见的临床症状有情绪高涨或易激动、动作增多、有冒险行为、思维敏捷、联想迅速、言语明显增多、睡眠少,也可出现幻觉。多数专家认为发病与遗传、心理社会因素和神经生物学有关。

(二) 精神疾病对生育的影响

研究证据表明,妊娠期及产后 1 年内的常见精神障碍,特别是抑郁和焦虑,已经越来越受到公共卫生领域的关注。因为这些因素会对母

乳喂养、婴儿生长发育和营养状况产生不良影响。也有研究显示,孕妇的产前抑郁和流产、产后出血、早产和低出生体重有关联,躁狂症和产前出血及胎儿发育异常有关。此外,如果孕前已经存在精神障碍,那么产后精神疾病的发生率会显著增加。在这类女性准备妊娠前,建议到精神科医生处咨询能否妊娠及合适的妊娠时机。事实上,对于患有精神疾病的育龄期女性来说,这是一个比较严重的问题,因为治疗精神疾病的大多数药物都会有一定的致畸作用,会增加胎儿畸形的风险。

第二节 传染病

一 乙型肝炎(乙肝)

1. 你了解乙肝吗? 这是一种由乙肝病毒(HBV)感染引起的传染性疾病,我国是乙肝高发国家,而患有乙肝的妈妈可能会直接将病毒传播给胎儿,导致了许多慢性 HBV 携带者。HBV 可在孕期、分娩过程中及产后母乳喂养或亲密接触感染宝宝,因此妈妈如果感染了乙肝,所生的宝宝除接种乙肝疫苗外,均应在出生后 24 小时内(最好在 12 小时内)注射乙肝免疫球蛋白进行保护。

2. 由于 HBV 慢性感染多数没有明显症状,因此专家建议,在你准备怀孕前先进行乙肝两对半筛查。若结果均为阴性者,建议注射乙肝疫苗,待产生保护性抗体后再怀孕。若你一旦确诊为慢性 HBV 感染,就需要由感染科或肝病科医师评估肝功能。若肝功能始终处于正常状态即可怀孕;若发现肝功能异常,需治疗至恢复正常,且停药后6个月以上复查正常后才可考虑怀孕。这些你记住了吗?

知识解读

已确定的病毒性肝炎有5种:甲型、乙型、丙型、丁型及戊型,其中乙肝最常见。HBV感染的主要诊断依据是乙肝病毒表面抗原(HBsAg)呈阳性,慢性HBV感染是指HBsAg阳性持续6个月以上。如果肝功能正常,称为慢性HBV携带;如果肝功能异常,且排除其他原因,则诊断为慢性乙肝。如果HBeAg阳性代表病毒复制活跃,病毒载量高,传染性强。

母婴传播是我国慢性HBV感染的主要原因。目前,所有孕妇均需产前筛查乙肝血清学标志物,如果孕妇HBsAg阳性,其新生儿是感染HBV的高危人群,除接种乙肝疫苗外,均应在出生后24小时内(最好在12小时内)注射乙肝免疫球蛋白(HBIG),出生后1个月和6个月接种第2剂、第3剂乙肝疫苗。新生儿经过这样的出生后联合免疫后,仍会有5%~10%的会发生慢性HBV感染也就是母婴阻断的失败,其中绝大多数是因为母亲分娩时体内HBV DNA处于较高水平。因此,全球各国乙肝防治指南或专家共识均建议,如果孕妇血清HBV DNA$>2×10^6$ IU/L,则孕妇应在孕晚期使用抗病毒治疗来预防乙肝母婴传播,一般在分娩后可以停药。如孕期出现明显活动性肝炎,谷丙转氨酶异常、胆红素上升,应及时终止妊娠。

育龄女性若乙肝5项均为阴性者,建议在孕前注射乙肝疫苗,待乙肝病毒抗体(HBsAb)呈阳性后再妊娠;夫妇中一方HBsAg阳性,另一方乙型肝炎5项全阴性者,后者应注射乙肝疫苗,并使用避孕套预防交叉感染,直至 HBsAb 阳性;育龄乙肝女性需加强孕前保健和营养,定期复查肝功能。慢性 HBV 感染妇女计划妊娠前,最好由感染科或肝病科专科医师评估肝功能。肝功能始终正常的感染者可正常妊娠;肝功能异常者,如果经治疗后恢复正常,且停药后 6 个月以上复查正常者则可妊娠。抗病毒治疗期间若妊娠,有部分药物如干扰素、恩替卡韦等对胎儿发育有不良影响或致畸作用,须告知患者所用药物的各种风险,同时请相关医生会诊,以决定是否终止妊娠或是否继续抗病毒治疗。

 二、梅毒

1. 生殖道感染会严重危害育龄女性的身心健康,有时还可能导致不良妊娠结局。常见的生殖道感染有细菌性阴道病、假丝酵母(念珠菌)阴道病、滴虫性阴道炎、盆腔炎、淋病、梅毒、尖锐湿疣等,这些疾病如果不及时治疗,就可能导致不孕、异位妊娠(宫外孕)、自发性流产、早产、死胎及新生儿先天性感染等严重后果。所以一旦发现有感染可能,应马上就医并正规治疗,这对孕育健康宝宝是很重要的。

2. 梅毒是一种生殖道感染性疾病,主要通过性行为时微小损伤的皮肤黏膜传播,患病后由于没有特征性表现易被忽视。如果准妈妈在孕前或孕期感染梅毒,不仅对自身造成损害,还会引起流产、死胎、早产。不仅如此,病原体通过胎盘传染胎儿还会导致胎儿先天性梅毒。但是,经过及时正规的治疗和随访,就可以根除妈妈感染和预防宝宝感染,青霉素就是最经济、有效的药物。记住,治疗开始得越早越好喔!

 知识解读

梅毒是由苍白螺旋体引起的慢性性传播疾病,主要通过性交传播,也可通过胎盘传给下一代而发生胎传梅毒(先天性梅毒)。梅毒早期主要侵犯皮肤黏膜,最初的主要症状为硬下疳,发生于不洁性交后2～4周,生殖器部位或唇、咽发生高出皮面的圆形或椭圆形、边缘鲜明、硬似软骨的皮肤损害,无疼痛,呈牛肉色,一般只有一个,直径约1 cm。二期梅毒在下疳发生后1～2个月,多数患者可突发头痛、厌食、疲乏、低热、全身骨骼肌肉酸痛等流感样症状,常见全身广泛性对称皮疹,表现多种多样,还可并发骨、眼等损害。三期梅毒可侵犯全身各个器官,以心血管和神经系统受到影响最为严重。亦可多年无症状,称为潜伏梅毒。

妊娠期梅毒的临床表现与非妊娠期相同,但易被误诊或漏诊,作为一般皮疹而误治。对于无临床症状者如仅靠病史或临床检查将得不到诊断依据。因此,对所有孕妇初诊时须常规做非梅毒螺旋体抗原血清试验(RPR 或 TRUST),对于结果阳性孕妇再进行梅毒螺旋体抗原血清试验(TPPA 或 ELISA)进行验证。由于血清反应存在窗口期,对高危孕妇在妊娠20～32周需再次复查,以免漏诊。

产前先天性梅毒是通过胎盘血行感染,可出现皮疹,鼻炎,肝、脾大,黄疸,贫血等,有1%患儿可发生活动性神经梅毒。若孕期超声发现胎儿明显受累,常提示预后不良,未发现胎儿异常者无须终止妊娠。先天性梅毒儿脐血梅毒血清试验阳性,其滴度高于母血滴度。若胎儿在妊娠晚期感染,脐血阴性者不能排除先天性梅毒,必须继续复查。产妇在孕期经过充分治疗者,新生儿血清学阳性,不能说明胎儿有活动性感染,抗体可能来自母体,继续复查其滴度下降,3个月即转为阴性。若

梅毒螺旋体 IgM 抗体阳性,即提示新生儿有活动性感染。

　　幸运的是,在许多先天性感染中,梅毒是最容易预防的,对治疗也最敏感。妊娠期梅毒治疗是为了根除母体感染和预防先天性梅毒。妊娠早期治疗有可能避免胎儿感染;妊娠中晚期治疗可能使受感染胎儿在分娩前治愈;梅毒患者妊娠前若已经接受过正规治疗和随访,则无须再治疗。青霉素有杀灭梅毒螺旋体的作用,目前仍为治疗各期梅毒的主要药物,可预防传播给胎儿,且对胚胎期梅毒有治疗作用,最好于孕早期和孕晚期各进行一个疗程治疗。在回顾性分析中,青霉素 G 在98%的病例中能治愈早期母体感染和防止新生儿梅毒。妊娠期没有证实有替代青霉素的药物,红霉素可以治疗母亲,但不能防治所有的先天性梅毒,对青霉素过敏者应尽量作青霉素脱敏治疗;先天性梅毒患儿亦可用青霉素治疗。经治疗后需随访 2～3 年,第 1 年每 3 个月检查一次,第 2 年每半年检查一次,第 3 年末再查一次,如一切正常,则已达治愈。

 三 **艾滋病**

　　1. 作为一个准备怀孕的年轻女性,你听说过艾滋病吗? 艾滋病是由人类免疫缺陷病毒(HIV)感染导致的持续性免疫功能缺陷,继发多种疾病。如果孕妇在孕前或孕期感染 HIV,病毒可能在孕期、分娩时及产后母乳喂养的过程中传染给新生儿,严重影响新生儿的健康。所以,若你有过不洁性生活、静脉毒品注射、输血及血制品应用史就需警惕了,及时进行 HIV 抗体检测,可以确定是否存在感染。

　　2. 确诊 HIV 感染的妇女不宜怀孕,发现怀孕建议早期终止,以避免自身病情进展,减少艾滋病患儿出生;如坚持生育,就应该从孕前起接受抗反转录病毒药物（ART）治疗至产后，并推荐终身用药。若孕妇在产前、产时或产后正规应用抗病毒药物治疗，那么新生儿病毒感染率会明显下降；另外，请在医生的指导下决定是否适宜母乳喂养及母乳喂养的方式。

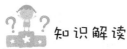 知识解读

获得性免疫缺陷综合征（AIDS）又称艾滋病，是由 HIV 感染引起的性传播疾病。HIV 感染引起 T 细胞损害，导致持续性免疫功能缺陷。性传播、静脉注射药物、输血、血制品应用及母婴垂直传播是感染 HIV 的主要途径。

艾滋病常见的前驱症状为持续性发热、全身乏力、盗汗、体重下降、食欲减退、腹泻，接着有全身进行性淋巴结病，这是大多数患者发生免疫功能缺陷的首发症状。外阴的持久难以治愈的疱疹、溃疡、泛发性尖锐湿疣等，有可能是艾滋病的表现，HIV 抗体检测以确定有无感染。进入艾滋病后期，患者免疫功能严重丧失，极易并发各种机会性感染及罕见肿瘤，最终导致死亡。

HIV 感染的孕妇在妊娠期可通过胎盘屏障传染给胎儿，或分娩时经软产道及出生后经不恰当的母乳喂养方式感染至新生儿。宫内感染还可引起流产、早产、胎儿宫内生长迟缓；妊娠早期尚可导致胎儿畸形。由于妊娠期孕妇免疫功能较非孕期低，容易导致病情进展，发生艾滋病临床症状。

感染 HIV 妇女不宜妊娠，一旦妊娠应早期终止，以避免病情进展及减少艾滋病患儿出生；如坚持继续妊娠，所有 HIV 感染孕妇都应给予三联 ART 治疗，孕妇（包括孕早期妇女）及乳母的一线 ART 为每日一

次固定剂量的替诺福韦(TDF)＋拉夫米定(3TC)＋依非韦伦(EFV)，或TDF＋恩曲他滨(FTC)＋EFV，至少维持到母婴传播风险终止后，并推荐终身治疗。若在产前、产时或产后正确应用ART治疗，其新生儿HIV感染率可显著下降(<8%)；由于乳汁可传播HIV，因此不推荐HIV感染的母亲作母乳喂养。若接受ART治疗的母亲坚持母乳喂养，新生儿需立刻接受6周的每日奈韦拉平(NVP)预防治疗，其余人工喂养新生儿接受4～6周的每日或隔日NVP预防治疗。

四、结核

1. 你也许没有听说过结核病，这是一种由结核分枝杆菌引起的肺部急、慢性传染病，主要通过呼吸道飞沫在人群之间传播，表现为长期咳嗽、午后低热，可伴有乏力、夜间盗汗、食欲差、体重减轻、月经不调、心悸、面颊潮红等。如果你有相关症状就要引起重视了，最好及时就医。因为孕期是结核病重新活动的高危时期，而患有活动性肺结核的妇女发生流产、早产、生育低出生体重儿及胎儿死亡的风险都会增加。如果女性在结核病发病期怀孕，也会加重自身病情。

2. 专家建议，女性患者在确诊结核病后，应尽快接受正规的治疗和随访，2～3年后再考虑怀孕；如果是丈夫确诊患有结核病，尤其是在活动期时，因为呼吸道传染病会有交叉感染的可能，所以请不要着急，最好在治愈后再考虑受孕。

 知识解读

肺结核是由结核分枝杆菌引起的肺部急、慢性感染性疾病，主要通过呼吸道飞沫在人与人之间传染,也可发生肺外感染。结核感染的一个最显著的特征是在一段潜伏期后还可能发生再次活动性感染。痰涂片镜检、结核菌素试验、胸部X线等可协助诊断。

肺结核的症状包括反复发作或迁延不愈的干咳,可咳黄脓痰,经抗生素治疗3～4周无改善,痰中带血或咯血,胸痛等。发热是结核最常见的全身性毒性症状,多为长期低热,常于午后或傍晚开始,次晨可降至正常,可伴有乏力、夜间盗汗、体重减轻、月经不调、心悸、面颊潮红等症状。

有研究提示,妊娠一般不改变结核病性质,孕期、产后与同龄未孕妇女比较,预后基本相同,但妊娠可能是结核病活动的高危因素,因而建议结核病患者应行正规抗结核治疗2～3年后才能妊娠。而夫妇中有一方患结核且在活动期时,因有交叉感染可能,建议治愈后再妊娠。一般认为,非活动性结核或病变范围不大、肺功能无改变者,对妊娠和胎儿发育无多大影响,然而患有活动性肺结核的孕妇流产、早产、胎儿先天畸形、出生低体重儿及围产儿死亡的风险增加。异烟肼、利福平、乙胺丁醇等治疗药物不会对胎儿有致畸作用,但链霉素可能会导致胎儿先天性耳聋,应避免使用。

第三节 慢性病

 一 甲状腺功能亢进症

1. 甲状腺功能亢进症(简称甲亢)是由多种病因引起的甲状腺激

素分泌过多所致的一组常见内分泌疾病。作为一名准备怀孕的女性，如果你有怕热、多汗、心慌、易激动、乏力、体重下降、突眼等症状，或有甲状腺疾病家族史，那你就得警惕甲亢了，可到内分泌科进行甲状腺功能等相关检查。一旦你确诊患有甲亢，就应暂缓怀孕。

2. 对于已经诊断甲亢的女性而言，如果在病情未控制时怀孕，容易发生流产、早产、死胎，也可能会导致胎儿甲亢；且甲亢症状容易与正常妊娠反应混淆，致使医生无法准确判断其病情程度；怀孕和分娩的过程中发生的出血、感染等并发症都可能引起甲亢病情突然加重，如甲亢危象，威胁母婴安全。所以最好在病情稳定 1 年后，只需服用小剂量药物就能控制病情的前提下，再考虑怀孕，对你和宝宝的健康最有利。

 知识解读

甲亢是多种病因引起的甲状腺激素分泌过多所致的一组常见内分泌疾病。临床表现主要有高代谢率综合征和神经兴奋性增高(怕热、多汗、心悸、易激动等)、甲状腺肿大等特征，血促甲状腺激素(TSH)低于正常低限值和游离甲状腺素(FT4)高位于临界值时，提示有甲亢可能，女性多见。

患有甲亢的女性应暂缓生育，其原因是：由于正常妊娠时垂体前叶的生理性肥大和胎盘激素的分泌会产生高代谢率综合征，临床表现易与甲亢混淆，致使难以准确判断甲亢病情；妊娠对甲亢影响不大，但妊娠增加心血管的负担，加重甲亢患者原有的心脏病变，分娩、产后出血、感染又是引起甲亢危象(甲亢症状加重恶化)发生的诱因，甲亢危象时孕产妇死亡率较高；甲亢未控制的孕产妇易发生流产、早产、死胎等，以及可诱发妊娠高血压疾病，增加不良妊娠结局风险；母体的甲状腺免疫球蛋白容易通过胎盘引起胎儿甲亢。

因此,患有甲亢的女性,应在服用小剂量药物即能控制病情的情况下,病情稳定 1 年后妊娠,维持血清 FT4 在正常值的上 1/3 范围,未控制时应避孕。同时,分娩后应检测新生儿 TSH 水平,尽早发现新生儿甲状腺功能异常。治疗甲亢药物主要包括丙硫氧嘧啶、甲巯咪唑(他巴唑)、卡比马唑(甲亢平)、甲硫氧嘧啶和放射性[131]I。孕 3 月前要在医生指导下继续用丙基硫氧嘧啶,因其通过胎盘量少,速度慢,是孕期治疗甲亢的首选药,但应注意药物不良反应。[131]I 在妊娠期禁用,其可影响胎儿甲状腺发育,造成先天性甲状腺功能减退症;[131]I 有放射性,对胎儿有增加基因突变和染色体畸变的可能。

二、心脏病

你知道吗? 怀孕及分娩可使心血管负担加重,会诱发孕前隐匿的心脏病,或加重原来的病情,诱发心力衰竭,甚至导致死亡;而且孕妇心脏病还会威胁到胎儿的发育和安全。因此,有心脏病既往病史、心脏病家族史或已确诊心脏病的女性,在怀孕前最好到专业医疗机构咨询,医生会根据病史和检查结果来评估,告知怀孕的条件和时机。在此之前,你可以采取避孕措施,待心功能调整至最佳时再准备受孕。

 知识解读

妊娠及分娩可使患心脏病的孕妇心血管系统发生实质性变化,心输出量和血容量增加,体循环血管阻力降低,心脏功能负担加重,不但可诱发并加剧妊娠前隐匿的心脏病,而且还可使已存在心脏病孕妇的心功能进一步受损,诱发心力衰竭;另一方面,孕妇的心脏病又可威胁胎儿的安全,使流产、早产、胎儿窘迫、胎儿生长受限和围生儿死亡率增高。且无论心脏病患者是先天性还是获得性,其子代先天性心脏缺陷的发生率均高于正常人群。

心脏病女性患者应进行孕前咨询和指导,其内容主要包括现有疾病、心功能状态、妊娠风险的预期估计及是否采取手术或药物治疗、目前采取的治疗方案对心功能改善的情况、妊娠对患者预期寿命的影响、分娩后孕妇心功能的预期状态、妊娠期进行继续治疗的药物或措施对胎儿的影响、新生儿遗传心脏病的风险等。检查方法主要依靠询问病史、心电图、心动超声图、血气分析等,根据这些结果进行危险度分类以决定是否可以妊娠。

心功能Ⅲ、Ⅳ级者建议不宜妊娠;凡器质性心脏病合并有严重左心室流出道梗阻、肺动脉高压、马方综合征、重度房室传导阻滞或心脏病病程较长、发生心力衰竭可能性极大者,应避免妊娠。

心功能Ⅰ、Ⅱ级者应进行孕前风险评估,既往无心力衰竭,估计可以承担妊娠和分娩负担者,可在心脏科和产科医生共同监护下,采取相应的治疗措施而妊娠。先天性心脏病应在手术纠治或风湿性心脏病瓣膜置换其心功能改善后怀孕。另外,有心脏病的女性采取适当避孕措施很重要,最好待心功能调整至最佳时再准备受孕。

三、糖尿病

1. 你也许听说过糖尿病,这可不是仅仅发生在老年人的疾病,这种因胰岛素分泌不足所引起的内分泌疾病,对母儿都会产生不良影响。怀孕会导致患有糖尿病的女性病情加重,发生严重的并发症;早孕反应和分娩时可能发生低血糖性休克；发生流产、早产、羊水过多、感染、妊娠高血压疾病、难产、产伤的概率也比一般孕妇高许多倍；而糖尿病女性所生的宝宝，巨大儿、出生缺陷发生率也显著增高。

2. 糖尿病的典型表现为多饮、多尿、多食、体重下降，但大部分患者可能没有这么明显的自觉症状。因此，孕前很有必要进行糖尿病筛查，尤其是有家族史、肥胖、反复阴道感染、有不良妊娠结局史的女性。经筛查后如有异常还需进一步确诊，而一旦确诊为糖尿病，你应先到内分泌科评估病程与分期、重要器官受累情况，确定是否适宜立即怀孕，建议在控制血糖达到或接近正常后再受孕。

 知识解读

糖尿病是一组因绝对或相对胰岛素分泌不足所引起的代谢紊乱性疾病，分为胰岛素依赖性糖尿病（1型糖尿病）与非胰岛素依赖性糖尿病（2型糖尿病）两类。

妊娠对糖尿病以及糖尿病对孕妇和胎儿均有复杂的相互影响。胎儿靠母体葡萄糖得到能量，使孕妇的空腹血糖低于妊娠前水平，而血游离脂肪酸和酮酸浓度升高；胎盘胰岛素酶可增加胰岛素的降解，胎盘泌乳素和雌激素可拮抗胰岛素作用，使胰岛素需要量增加，病情加重。糖尿病患者妊娠早期流产发生率达15％～30％，早产发生率为10％～25％，晚期羊水过多为非糖尿病孕妇的10倍；孕妇抵抗力下降，易感染，妊娠高血压疾病发生率约比非糖尿病孕妇高5倍；因巨大儿的难产和产道损伤均增多。

妊娠合并糖尿病者巨大儿发生率高达25％～42％；胎儿生长受限率为21％；普通人群中，重大出生缺陷儿发生率为1％～2％，而糖尿病

患者的该风险可增加 2～6 倍,特别是糖尿病合并肾及血管病变者更为严重,可能与代谢紊乱、缺氧、服用糖尿病治疗药物有关。

因此,女性孕前糖尿病筛查十分必要,尤其是糖尿病高危人群(有家族史、肥胖、反复阴道感染、无原因反复自然流产史、胎死宫内、足月新生儿呼吸窘迫综合征分娩史、胎儿畸形史者)。对空腹血糖＞6.1 mmol/L,或餐后 2 小时血糖＞7.8 mmol/L,或随机血糖＞11.1 mmol/L,或有多饮、多食、多尿、体重下降史者,应进行 75 g 葡萄糖耐量试验、糖化血红蛋白(HbA1c)检测等筛查。糖尿病患者应先评估病程与分期、重要器官受累情况,能否胜任妊娠及不良妊娠结局风险的大小。可以妊娠者,孕前应将血糖调整到正常水平,糖化血红蛋白降至 6.5% 以下,使用口服降糖药者在孕前改用胰岛素,控制血糖达到或接近正常后再妊娠。

四、高血压病

1. 如果你曾经两次测出血压偏高(收缩压≥140 mmHg、舒张压≥90 mmHg),就说明你有可能患高血压病了,这种疾病的发生与遗传、高盐饮食、精神紧张等因素有关。有些患者没有任何自觉症状,有些人则会觉得头痛、头晕。虽然这种疾病的症状并不严重,但当高血压患者怀孕时,发生心脑血管意外的危险性会有所增高,并且会发生一些严重的孕期并发症,威胁母婴安全。所以准妈妈们,请定期关注自己的血压!

2. 高血压的症状十分隐匿,容易被人们忽视,因此孕前进行血压检测就显得十分重要。确诊的高血压病患者在准备怀孕前,应到医疗机构进行全面评估,最好在专科医生的指导下,控制血压平稳后再怀孕。同时,对于严重慢性高血压合并冠状动脉粥样硬化、心功能不全、肾功能减退者或年龄超过35岁的女性患者,不宜怀孕,建议避孕。你记住了吗?

 知识解读

　　高血压是一种常见的以体循环动脉血压升高为主的综合征。正常人的血压在不同的生理情况下有一定的波动幅度,焦虑、紧张、应激状态、体力活动时都会升高,收缩压又随年龄而增高。临床高血压诊断标准:收缩压≥140 mmHg 和(或)舒张压≥90 mmHg 者可诊断为高血压。家族中有高血压病史者发病较多,提示该病可能有遗传因素。

　　高血压病初期症状很少,46.5%无任何早期症状,高血压病患者有头痛者约占55.4%,头晕占63.5%,其他尚有健忘、失眠、耳鸣、易怒、神经质等。严重时可出现脑血管病变症状,有暂时性失语、失明、肢体活动不灵。由于长期血压升高增加了左心室负担,左心室因代偿而逐渐肥厚、扩张,形成高血压性心脏病。心功能代偿期除有心悸外,其他症状不明显。失代偿期可有劳累、饱食、说话过多时发生气喘、心悸、咳嗽,以后呈阵发性发作,常在夜间发生,并可有痰中带血。血压长期升高,肾小动脉硬化,逐渐影响肾功能,可出现多尿、夜尿、口渴、多饮等。

　　对于轻度、无合并症的原发性高血压孕产妇,其围生儿的发病率和死亡率一般无明显增加。但当严重原发性高血压或合并子痫时,母儿的危险性如早产、胎死宫内、胎儿生长受限、围生儿死亡等增高。因为孕32~34 周血容量增加达高峰,平均增加35%~45%,分娩期血流动力学变化更大,故对严重高血压病及高血压性心脏病的负荷更为增加,处理不当可发生心力衰竭。慢性高血压最易发生的严重产科并发症是

继发子痫和胎盘早期剥离,此两种并发症是导致不良妊娠结局的主要原因。

女性患者应控制血压平稳后再妊娠为宜。一般认为严重慢性高血压病患者,高血压合并冠状动脉粥样硬化、心功能不全或肾功能不全者不宜马上妊娠,应进行完整评估后才能确定是否可以妊娠。

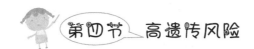

第四节　高遗传风险

 一　曾经生育过出生缺陷儿

如果你曾生育过有缺陷的胎儿,那么下次怀孕应更加慎重。因为遗传性疾病有一定的再发风险,即使夫妻双方都很健康,也可能存在染色体的某些小问题,导致胎儿发育异常。专家建议:避免近亲结婚并做到适龄生育,严重的遗传性疾病患者或曾经生育过缺陷儿的夫妇要到相关门诊进行遗传性疾病咨询检查和评估,减少接触各种可能的致畸因素,怀孕后应及时进行产前诊断。祝你成功孕育健康宝宝!

 知识解读

胎儿畸形的原因非常复杂,可能由遗传因素、环境因素等综合作用引起。常见的胎儿畸形包括无脑儿、脊柱裂、脑积水、唇裂和唇腭裂等。预防出生缺陷应实施三级预防原则,即去除病因、早期诊断、延长生命。其中一级预防最为重要,应避免近亲结婚或与有严重遗传性疾病患者婚配,同时提倡适龄生育,已生育过畸形儿的夫妇要到相关门诊进行遗传性疾病咨询,尽量查明原因,评估再发风险,进行产前诊断,减少各种环境致畸因素的危害。

由于孕妇进行大剂量射线照射时会导致胎儿发生小头、小眼、矮小身材等畸形,应避免接触放射线。已知的一些病毒如风疹病毒感染能致胎儿畸形、聋哑、智力低下等,可在孕前检查有无相关抗体,无免疫力者可注射疫苗。在药物致畸方面,如沙利度胺(反应停)、氨甲蝶呤等,避免使用可立即取得预防效果。另外一些化学因素如吸烟、饮酒都可能使胎儿致畸,应避免这些因素。虽不能避免染色体畸变(如三体、易位等)的发生,却可通过避免接触有害物质、加强环境保护、结合产前诊断等措施防止这类畸形儿的出生。已知叶酸对防止神经管缺陷有一定作用,给孕妇补充叶酸收到了良好效果。对一些出生缺陷高风险的家族应重点实行监护,因常染色体隐性单基因遗传性疾病,子代再发风险为25%,而显性遗传性疾病的再发风险为50%,血友病等X连锁隐性遗传性疾病,男胎发病率为50%;唐氏综合征等染色体疾病绝大部分是由于母亲染色体不分离引起的,年轻妇女再发风险为1%左右;当夫妻中存在染色体异常时,其子代发生染色体异常的概率明显升高,且不易受孕,易发生流产;当夫妻中的一方染色体发生某种异常(如同源染色体罗伯逊易位),会生出异常胎儿,应避免生育。

对于高危者行产前羊水细胞学检查及其他检查可以早发现,以便及早采取措施。除羊水穿刺细胞学检查、胚胎绒毛细胞学检查外,无创DNA技术、细胞遗传异常诊断技术也在产前诊断中取得了较大成果。对于无存活可能的先天性畸形,一经确诊应行引产术终止妊娠,以母亲免受损害为原则。

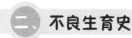

二 不良生育史

1. 如果连续2次自发性流产称为复发性流产,而连续3次或以上者称为习惯性流产。甲状腺功能低下,夫妻有染色体易位,免疫因素,母亲患有慢性疾病如肾炎、糖尿病、生殖系统疾病及母儿血型不合等都可能引起自然流产。为了生个健康的宝宝,建议夫妻双方进行孕前检查和遗传性疾病咨询,做一些必要的辅助检查,应尽可能查明原因,这样才能更好地孕育下一代。

2. 怀孕后期宝宝在宫内发生的任何意外对准父母都是一个沉重的打击。死胎发生的原因很复杂,包括脐带胎盘异常、胎儿发育异常、母亲孕期严重的并发症、严重的内外科疾病等。此外,孕期风疹病毒、弓形体病等急性感染也可致胎死宫内。因此,万一发生胎儿生长问题,如果条件允许,可申请详细检查娩出的胎儿及附属物,尽量弄明白原因,下次怀孕就会更加顺利。

 知识解读

习惯性流产是指连续自然流产3次或3次以上者,连续2次自发性流产称为复发性流产。常见的原因有:内分泌异常,如甲状腺功能低下、卵巢黄体功能不良;染色体异常,如父母有染色体易位或胎儿单体等;免疫因素;母亲患有慢性疾病,如重度肾炎、糖尿病等;子宫异常,如先天畸形、发育不良、子宫肌瘤、宫颈功能不全或撕伤;子宫内膜疾病,如内膜炎造成胎盘发育不良或蜕膜反应不良等;母儿血型不合,如Rh因子或ABO血型不合;胚胎或胎儿发育不良等。如果为早期流产胎儿,多考虑胚胎发育不良和免疫因素,其中多半为染色体异常所致;

流产较晚,胎儿未见异常,可能为子宫内膜或生殖器官缺陷;胎儿水肿,考虑母儿血型不合;如果流产有早有晚,则胚胎、子宫因素均有可能;如果流产孕期一次比一次长,有可能是子宫发育不良的原因。精神因素、营养不良如蛋白质或维生素缺乏也可以造成胎儿发育不良而流产,故需要针对可疑因素进行检查和治疗。

习惯性流产在非孕期应做如下检查:甲状腺功能检查,黄体功能检查,血、尿常规,尿糖,血型检查,夫妇染色体检查,必要时在妊娠期做绒毛或羊水脱落细胞学检查。

妊娠 20 周后胎儿在宫内死亡者称为死胎;胎儿在分娩过程中死亡,称为死产,是死胎的一种。根据北京地区的研究显示,对 1 689 例死胎分析发现,死胎发生原因中胎盘脐带因素占 39%,胎儿畸形占 23%,妊娠高血压综合征(妊高征)占 19%,其他(如过期妊娠、内科疾患、外伤等)占 9%,原因不明 10% 左右。此外,孕期巨细胞病毒、风疹病毒、弓形体病等急性感染也可致胎死宫内。发生死胎后应尽量寻找发生原因,如详细检查胎盘、脐带以明确死亡原因。对于不明原因胎死宫内者建议行尸检,明确胎儿是否存在致命性发育异常。有过不良妊娠结局史者,应加强婚前、孕前咨询,遗传性疾病咨询及孕期保健。

三、高龄初产

女性≥35 周岁第一次怀孕,称为高龄初产。这时准妈妈比较容易出现流产、早产、难产、妊娠高血压综合征或产后出血等并发症,也可能合并内外科疾病,对母儿安全造成不良影响。同时,高龄产妇的宝宝发育异常的可能性也会有所增加。因此,如果你符合高龄初产的情况,建议你孕前进行检查和评估,确保在最佳身心状态下受孕,怀孕后应及时进行产前诊断和检查,为宝宝和你的健康护航!

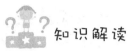 **知识解读**

高龄初产妇在妊娠期、分娩期发生异常的较多,孕产妇死亡率及围生儿死亡率均高于非高龄初产妇。我国将≥35周岁第一次分娩者定义为高龄初产妇。

女性超过35岁怀孕较易发生妊娠期高血压疾病、早产、难产、产程延长或产后出血等并发症。也常有内、外科合并症,如高血压病、糖尿病、心脏病、慢性肾炎等,而造成复杂的高危状况。35～39岁女性妊娠相关死亡率为20～29岁女性的2.5倍,40岁以上女性风险为5.3倍。母亲的年龄、健康状况、内分泌状态、子宫内膜状态等对胚胎和胎儿发育均有一定影响,致使围生儿死亡率也明显增高。

高龄产妇所生育胎儿染色体异常的机会比正常人高许多倍,非染色体的结构畸形与妊娠年龄并没有相关性。文献报道,25～35岁孕妇生育唐氏综合征的概率为0.15%,而35岁以上孕妇为1%～2%,40岁以上可达3%～4%。因为35岁以后,女性排出的卵细胞开始老化,抵抗力也不如以前,很容易受到病毒感染、物理及化学刺激、激素变化等影响,导致人体卵子减数分裂发生异常,受精后形成的个体容易产生染色体病变,染色体畸变增多,容易造成流产、死胎或畸胎。

高龄初产妇应做好孕前咨询,是否适宜怀孕,及早发现高危因素并给予恰当指导与管理。加强围生期保健,定期产前检查,尤其应详细询问病史,有无内科、妇科合并症,进行全面体格检查及实验室检查。对有内科合并症者,及时与内科医生共同诊治,如有糖尿病者,应控制血糖水平;慢性肾炎者,定期检查肾功能。孕32周起加强胎儿监护,包括自我监护胎动与胎心,定期做胎心监护和B超。凡有内科、妇科合并症者,孕 38 周时应住院待产,有特殊情况更应提前住院监护。

（黄勤瑾）

参考文献

1. 丰有吉,沈铿. 妇产科学. 第二版. 北京：人民卫生出版社,2013.
2. World Health Organization. Prevention of neural tube defects. Standards for maternal and neonatal care. 2007.
3. 国家人口和计划生育委员会科技司编著. 孕前优生咨询指南. 北京：中国人口出版社,2010.
4. 中华人民共和国国务院令. 女职工劳动保护特别规定. 2012.
5. 中华医学会妇产科学分会编著. 中华妇产科杂志临床指南荟萃. 北京：人民卫生出版社,2013.
6. World Health Organization. Rubella vaccines：WHO position paper. 2011.
7. 国家卫生部. 孕前保健服务工作规范(试行). 2007.
8. 国家人口和计划生育委员会. 国家免费孕前优生健康检查项目试点工作技术服务规范(试行). 2010.
9. 世界卫生组织. 关于身体活动和有益健康的全球建议. 2010.
10. 姚中本,王斌,王立伟,等. 新编实用婚育保健技术指导. 上海：复旦大学出版社. 2002.
11. 谢幸,苟文丽,林仲秋,等. 妇产科学. 第八版. 北京：人民卫生出版社,2013.
12. 华嘉增,朱丽萍,林仲秋,等. 现代妇女保健学. 复旦大学出版社,2011.
13. World Health Organization. Meeting to develop a global consensus on preconception care to reduce maternal and childhood mortality and morbidity. 2012.
14. 庄依亮. 现代妇产科学. 北京：科学出版社,2009.
15. 刘名贤. 医学遗传学与优生学. 西安：陕西科学技术出版社,1995.
16. 曹泽毅. 中华妇产科学(临床版). 北京：人民卫生出版社,2010.
17. 王吉耀. 内科学. 北京：人民卫生出版社,2010.
18. 卢洪洲. 艾滋病及其相关疾病诊疗常规. 上海：上海科学技术出版社,2009.
19. World Health Organization. Guidelines on maternal, newborn, child and adolescent health：HIV infecton. 2013.
20. World Health Organization. Surveillance of antiretroviral toxicity during pregnancy and breatfeeding. 2013.

第二章

高危妊娠

 第一节 妊娠合并心脏病

怀孕期间是全身血液循环增加、心脏负担加重的时期,有心脏病的孕妇可能会诱发心力衰竭。如果你出现轻微活动后即有胸闷、气急或心悸;睡眠中被憋醒,甚至坐起或走到窗口呼吸新鲜空气;休息时心率超过 110 次/分,呼吸超过 20 次/分,一定要及时就医。如果任其发展,可能会造成流产、早产、胎儿生长受限、胎儿窘迫等严重后果,甚至影响母体安全。

 知识解读

妊娠合并心脏病对孕妇的主要影响为心力衰竭、亚急性感染性心内膜炎、缺氧和发绀,以及静脉栓塞和肺栓塞。

妊娠期血容量 6～8 周即开始增加,妊娠中期增长迅速,在妊娠 21～24 周可增加 33%;在妊娠 32～32 周,血容量达峰值,约增加 50%。

之后开始增加平缓,分娩期子宫收缩,产妇屏气用力及胎儿娩出后子宫突然收缩,回心血量急剧增加,进一步加重心脏负担。产褥期组织间潴留液体开始回到体循环,血流动力学发生一系列急剧变化,分娩后 2~4 周,恢复正常。

另外,妊娠期血浆容量的增加超过了红细胞量的增加,因而发生血液稀释现象,即所谓的生理性贫血。约 50% 的孕妇毛细血管阻力下降,同时毛细血管通透性也会增加。因此妊娠 21~24 周、32~34 周、分娩及分娩后 3 日,是全身血液循环变化最大、心脏负担最重的时期,极易诱发心力衰竭和心律失常,有器质性心脏病的孕妇常在此时因心脏负荷加重,诱发心力衰竭。故不宜妊娠的妇女一旦妊娠,应在早期行治疗性人工流产。

心力衰竭的早期表现:轻微活动后有胸闷、气急及心悸;睡眠中被憋气、胸闷而憋醒,甚至坐起或走到窗口呼吸新鲜空气;休息时心率超过 110 次/分,呼吸超过 20 次/分。

不宜妊娠的心脏病患者一旦妊娠,或妊娠后心功能恶化者,流产、早产、死胎、胎儿生长受限、胎儿窘迫及新生儿窒息的发生率均明显增高。双亲中任何一方患有先天性心脏病,其后代发生先天性心脏病和其他畸形的概率约为 4%;肥厚性心肌病、马方综合征等遗传性疾病,子代再发概率高达 50%。

第二节 妊娠合并糖尿病

你知道吗?怀孕期间多数糖尿病患者可无任何症状,且空腹血糖多为正常,但妊娠合并糖尿病对母儿均有较大危害。因此,所有孕妇都应在孕24～28周进行葡萄糖耐量检测。另外,当有多饮、多尿、多食等症状,本次怀孕羊水过多和大于胎龄儿,有糖尿病家族史,曾患妊娠糖尿病,有过原因不明的流产、早产、死产、畸胎与巨大儿,反复发作阴道炎,肥胖等高危因素的准妈妈更宜提早筛选。

 **知识解读**

妊娠合并糖尿病包括两种情况：妊娠前已有和妊娠后才发生或首次发现,后者又称妊娠期糖尿病(GDM)。

由于多数妊娠期糖尿病患者无任何症状,且空腹血糖多为正常,因此每个孕妇都应进行葡萄糖耐量试验,一般在孕24～28周进行,有GDM高危因素的孕妇更应提早筛选。GDM高危因素有：>30岁;多量吸烟史;糖尿病家族史(尤其是一级亲属患糖尿病);原因不明的异常分娩史,如流产、早产、死产、畸胎与巨大儿史;GDM史;本次妊娠羊水过多和大于胎龄儿;有多饮、多尿、多食等"三多"症状;反复发作阴道假丝酵母(念珠菌)及皮肤疖肿、毛囊炎等感染;肥胖和连续2次或以上空腹晨尿尿糖阳性。

糖尿病患者应在整个孕期严密监测。糖尿病的治疗药物有5类：磺脲类药物、双胍类、葡萄糖苷酶抑制剂(AGI)、胰岛素增敏剂和胰岛素。只有胰岛素是对妊娠相对安全的药物。女性患者一旦计划妊娠,治疗药物只能用胰岛素,应停用糖尿病其他治疗药物,因为口服降糖药可通过胎盘对胎儿产生影响。育龄糖尿病妇女在计划怀孕前应开始接受强化胰岛素治疗,直到妊娠结束。饮食治疗原则与非妊娠糖尿病患者相同,总热量约每日每千克体重160 kJ,妊娠期间的体重增加宜在12 kg以内;糖类摄取量为每日200～300 g,蛋白质每日每千克理想体重1.5～2.0 g。绝大多数妊娠期糖尿病患者在分娩后可停用胰岛素。

第三节 妊娠期高血压疾病

1. 妊娠期高血压疾病多发生于怀孕20周以后,高血压、蛋白尿为主要特征,可引起多器官功能损害或衰竭,严重威胁母婴健康。如果你有头痛、胸闷、眼花、上腹部疼痛等症状,又是初产妇、年龄<18岁或>35岁、多胎,曾患妊娠高血压疾病,有家族史,患有慢性高血压、慢性肾病、糖尿病的准妈妈应格外警惕,及早就医才能保证母婴安全。

2. 一旦确诊患有妊娠期高血压疾病,准妈妈应保证每天休息不少于10小时,左侧卧位为佳;定期产检,严密监测血压波动情况、尿蛋白情况、胎儿生长发育状况和胎盘功能;孕34周后,应每周行胎心监护。一旦出现头痛、眼花、上腹部疼痛、胸闷、少尿、眼白发黄、体重骤增等情况,一定要引起重视,因为这些可能是疾病加重的征兆,需及时就医。你记住了吗?

 知识解读

妊娠期高血压疾病包括:妊娠期高血压、子痫前期、子痫、妊娠合并慢性高血压、慢性高血压并发子痫前期。多发生于妊娠20周以后,以高血压、蛋白尿为主要特征,可伴有多器官功能损害或功能衰竭;严重者可出现抽搐、昏迷,甚至死亡。严重威胁母婴健康,是导致孕产妇和围生儿发病和死亡的重要原因之一。我国妊娠期高血压疾病发病率为9.4%～10.4%。

妊娠期高血压疾病的高危因素包括:初产妇、孕妇年龄<18岁或>35岁、多胎妊娠、妊娠期高血压疾病史及家族史、慢性高血压、慢性肾

病、抗磷脂抗体综合征、糖尿病、肥胖等。

孕妇孕期应严密监测血压波动情况,定期在门诊行产前检查,密切监测孕妇自觉症状、血压变化、尿蛋白情况,监测胎儿生长发育情况和胎盘功能,孕 34 周后要每周行胎心监护。妊娠期高血压疾病的治疗主要是预防重度子痫前期和子痫发生,降低母胎围生期发病率和死亡率,改善母婴预后。基本治疗原则是卧床休息、镇静、解痉、有指征的降压、利尿,密切监测母胎情况,适时终止妊娠。重度子痫前期的症状有头痛、眼花、上腹部疼痛、胸闷、少尿、黄疸等,以及体重骤增、胎动异常。如发生子痫前期症状应入院治疗。

硫酸镁是子痫治疗一线用药,也是重度子痫前期预防子痫发作的预防用药,对于轻度子痫前期患者也可考虑应用硫酸镁。孕妇收缩压≥160 mmHg 或舒张压≥110 mmHg,高血压患者收缩压≥140 mmHg 或舒张压≥90 mmHg,可适当降压,但需维持血压在 130/80 mmHg 以上。孕妇适合的降压药主要是肼屈嗪、拉贝洛尔、硝苯地平等,这些药物对胎儿无明显不良作用。血管紧张素转换酶抑制剂类降压药(ACEI)因可引发胎儿肺发育不全、新生儿肾衰竭,不宜用于妊娠女性降压治疗,β受体拮抗剂(如普萘洛尔)与胎儿宫内缺氧、低出生体重儿和围生期死亡率增加有关,也不用于妊娠期高血压的治疗。此外,在妊娠期也很少使用利尿剂作为降压药物,主要原因在于利尿剂会减少母体血容量,常伴有不良围生儿结局。

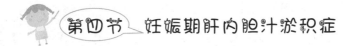

第四节 妊娠期肝内胆汁淤积症

作为一名准妈妈,如果你经常感到皮肤瘙痒,那你就得警惕妊娠期肝内胆汁淤积症(ICP)。ICP以孕晚期皮肤瘙痒为主要特点,通常开始于手掌、脚掌等部位,之后逐渐向上扩展,一般用抓瘙无法缓解,少数可有眼白发黄、尿色加深、厌食、恶心、呕吐等表现,但一般不发热、无腹痛。ICP最大的危害是会发生无任何先兆的胎心消失。所以如果你有以上症状,应及时就医进行相应检查。

 知识解读

妊娠期ICP是一种发生在孕晚期为主,以孕妇皮肤瘙痒、血清胆汁酸水平升高,易发生早产和胎儿宫内窘迫为特点的疾病,是一种严重的妊娠期并发症,是导致围生儿病死率升高的主要原因之一。70%的病例在以后的妊娠中会再发。遗传与环境因素共同作用使得肝脏中的胆盐不能排出是主要病理生理表现。

ICP以妊娠中、晚期无皮肤损害的瘙痒为主要特点,通常瘙痒开始于手掌、脚掌及肢体远端,之后向近端扩展,严重者可累及面部、颈部及耳朵,但一般极少引起黏膜表面的瘙痒。一般用抓瘙无法缓解,临床处理较为困难。约20%的患者表现为轻度黄疸,常伴有尿色加深,多在瘙痒出现后1～4周出现,少数患者可有厌食、恶心及呕吐。ICP患者一般无发热,无右上腹痛,产后症状多在数天内消失。

ICP最特异性的生化指标是血清总胆汁酸水平升高,升高幅度可达正常水平的10～100倍。20%～60%的患者有血谷丙转氨酶(ALT)升高,可达到正常水平的2～10倍,而血清学肝炎指标阴性。

尽管ICP症状会引起孕妇不适,使维生素K吸收减少而导致易出血倾向,但总体ICP孕妇远期预后良好。但ICP最大的危害是会发生临床上无任何先兆的胎心消失,临床观察结果表明ICP患者围生儿死

亡率可达 10％～11％;羊水胎粪污染发生率可达 27％～58％,早产发生率为 36％～44％;产时胎儿缺氧发生率为 22％～33％, ICP 胎儿发病率及死亡率明显升高。

ICP 的高危因素有:孕妇年龄＞35 岁,具有慢性肝胆疾病,ICP 家族史,前次妊娠 ICP 史,双胎及人工授精后妊娠。

第五节 妊娠合并肝病

作为一个准妈妈,当你出现恶心、呕吐、厌食、发热、上腹部疼痛、瘙痒、眼白发黄、精神萎靡、体重增加明显等症状时,一定要引起重视,因为这些可能是肝脏病变的表现。妊娠可增加肝脏负担,使原有的肝损害进一步加重,妊娠期高血压和产后出血发生率增加,孕晚期发生这些症状更可能是某些危及生命的产科并发症的征兆。因此,如果你出现上述症状,请及时联系医生!

 知识解读

女性妊娠本身并不增加对肝炎病毒的易感性,但妊娠的某些生理变化的确可增加女性肝脏负担,使原有的肝损害(如慢性病毒性肝炎、酒精性肝病、原发性胆汁硬化性肝硬化和自身免疫性肝炎)进一步加重,病情复杂化,妊娠期高血压和产后出血发生率增加。妊娠期患病毒性肝炎,胎儿可通过垂直传播而感染,尤以乙肝母婴传播率较高。乙型肝炎(乙肝)不治疗或乙肝表面抗原(HBsAg)未转阴,e 抗原(HBeAg)或乙肝病毒(HBV) DNA 阳性者将病毒传给胎儿的概率约为 90％,

HBeAg 阴性者只有 10%，HBV DNA 阴性者可能更低。病毒宫内感染可能增加胎儿畸形、流产、早产、胎死宫内的风险。有资料报道,肝功能异常的孕妇,围生儿死亡率高达 46%。妊娠期 ICP 是以瘙痒、胆汁酸升高和黄疸为特征的妊娠期特有疾病,大部分发生在孕晚期,可发生胎儿突然死亡。

妊娠期肝病的主要表现有恶心、呕吐、厌食、发热、上腹部疼痛、瘙痒、黄疸、精神萎靡、体重增加明显、水肿等。需详细询问病史,包括既往肝功能异常史、黄疸史、吸烟饮酒史、药物史、口服避孕药史及是否有引起乙型和丙型肝炎的因素。

妊娠 20 周以前,黄疸往往与妊娠剧吐有关,改善营养后肝功能异常可以得到缓解。孕晚期肝功能异常一定要引起重视,因为在产褥期可能出现更严重的肝功能衰竭,必须首要鉴别妊娠期急性脂肪肝、血小板减少综合征(HELLP)等严重疾病。

第六节　肾病

肾病的主要表现为蛋白尿、血尿、水肿、高血压。肾病患者妊娠可以加重病情,尤其是合并高血压者,严重时可以发生肾衰竭。那患有肾病的妇女能否怀孕呢? 这取决于病变的损害程度。若病情较轻,通常可以胜任妊娠;若孕前或孕早期即出现高血压及肾功能减退,其严重产科并发症的发病率大大增加,流产、早产、死胎发生率也增加。因此,如果你有肾病病史,且已经妊娠,希望你立刻咨询专科医生。

 知识解读

慢性肾小球肾炎简称慢性肾炎,是原发于肾小球的一组免疫性疾病。临床特征为程度不等的蛋白尿、血尿、水肿、高血压,后期可出现贫血、肾功能损害等。妊娠期间孕妇的血液处于高凝状态及局限性血管内凝血,容易发生纤维蛋白沉积和新月体形成,可以加重肾脏缺血性病变和肾功能障碍,使病情进一步恶化。尤其是合并高血压者,严重时可以发生肾衰竭或肾皮质坏死。

慢性肾炎对妊娠影响取决于肾脏病变损害的程度。若病情轻,仅有蛋白尿,无高血压,肾功能正常,预后较好,但其中有部分患者妊娠后期血压增高,围生儿死亡率也增高。若妊娠前或妊娠早期出现高血压及氮质血症,并发重度子痫前期及子痫的危险性大大增加;流产、早产、死胎、死产发生率增加,其中早产是围生儿死亡的主要原因,多数是由于母胎严重并发症而需提早终止妊娠。肾病病程较长者胎盘功能减退,易影响胎儿生长发育,甚至胎死宫内。

肾脏病患者能否妊娠首先要了解肾脏病的类型、肾功能和机体的一般状况。Rauromo 发现,急性肾炎后 3 年内患者如果妊娠,则妊娠期高血压疾病发生率和早产率增加,所以建议患者在急性肾炎体征消失后至少 1 年后再妊娠。慢性肾炎患者如果肾功能正常,无高血压,病理类型为微小病变、早期膜性肾病或轻度系膜增生性肾炎,没有明显的肾小管间质病变和血管病变,可以妊娠。妊娠后应及早进行孕期检查,因为即使肾功能正常、血压正常,其妊娠结局也不一定全部良好。狼疮性肾炎者允许妊娠的条件是:处于缓解期至少半年内无狼疮活动性病变;抗磷脂抗体阴性;肾炎属于控制期,已停用激素 1 年以上,或患者仍

在口服泼尼松,仅 5～15 mg/d,基本上无狼疮性肾炎活动性病变。如果疾病处在活动期、控制症状每日所需泼尼松>15 mg、脏器功能严重受累者不应妊娠。肾移植者能否妊娠可参考以下标准:肾移植至少 2 年;移植后身体状况良好 2 年以上;无蛋白尿或有微量蛋白尿;无高血压;无移植排斥反应;最近的静脉肾盂造影或超声检查没有肾盂、肾盏扩张;血肌酐 176.82 μmol/L 或更低;药物治疗减少至维持量水平;泼尼松 15 mg/d 或更少,硫唑嘌呤 2 mg/kg 或更低(每天超过 2.2 mg/kg 会导致胎儿异常),环孢素 A 的安全剂量还未被确定。

(周琼洁 黄勤瑾 李笑天)

1. 曹泽毅. 中华妇产科学(临床版). 北京:人民卫生出版社,2010.
2. 丰有吉. 妇产科学. 北京:人民卫生出版社,2011.
3. 庄依亮. 现代妇产科学. 北京:科学出版社,2009.
4. 国家人口计生委科技司编. 孕前优生优育咨询指南. 北京:中国人口出版社,2010.
5. 中华医学会妇产科学分会. 中华妇产科杂志临床指南荟萃. 北京:人民卫生出版社,2013.
6. 谢幸,苟文丽. 妇产科学. 北京:人民卫生出版社,2013.
8. 王吉耀. 内科学. 北京:人民卫生出版社,2010.

第三章
孕期婴儿喂养知识储备

　　帮助准妈妈建立良好的婴儿喂养行为应从孕期开始。孕期帮助准妈妈为将来正确的婴儿喂养行为做好准备是必不可少的,其目的与原则包括:传递母乳喂养的概念和相关知识,增强准妈妈对于将来婴儿正确喂养行为,尤其是母乳喂养的信心与自我效能,灌输和传授产后开奶和如何母乳喂养的知识与方法。孕期对于正确婴儿喂养知识的介绍应按照循序渐进的原则,从最初母乳喂养的概念着手,逐渐深入地介绍母乳喂养的详细知识与方法。

　　在孕期传授婴儿喂养知识,重点将关注母乳喂养知识的传播;通过对于母乳喂养概念的介绍,树立准妈妈母乳喂养的信心,帮助其建立"母乳喂养是简单自然的喂养方式"的观点,并进一步开始考虑如何为母乳喂养做准备,付诸行动。由于孕晚期与其特定阶段的妊娠或分娩问题密切关联,因此应关注相应关键问题,例如,分娩方式的选择、如何为分娩做准备等。

　　由于许多准妈妈在孕早期和孕中期存在妊娠反应和其他的一些妊娠适应性问题,而进入孕晚期后会开始关注婴儿出生后的一些问题,因此本书所介绍的关键知识主要适用于孕晚期,覆盖孕晚期第1周直至分娩(孕28～42周)。

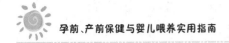
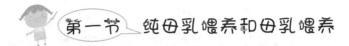

第一节　纯母乳喂养和母乳喂养

孕 28 周

亲爱的准妈妈,恭喜你进入孕晚期,还有 2～3 个月宝宝就要出生了,你开始考虑如何分娩和喂养宝宝了吗? 从现在起,我们帮你慢慢了解:分娩方式中,顺产是最理想的分娩方式。而婴儿喂养,世界卫生组织建议,在最初 6 个月内对婴儿进行纯母乳喂养,可以实现婴儿的最佳生长、发育和健康。从下周起我们会介绍具体的概念、知识和相关技巧,敬请期待。

孕 29 周

亲爱的准妈妈:自然分娩过程中胎儿肺部得到充分挤压,促进新生儿肺的成熟,减少新生儿常见的肺部疾病;自然分娩还可以减少母亲产后大出血和感染等并发症。自然分娩有助于母乳喂养,母乳是婴儿最理想的食物,可提供 6 个月内婴儿的全部营养需求;纯母乳喂养是指除母乳外,不给婴儿喂其他任何液体或固体食物。在你考虑与计划母乳喂养时,请和你的丈夫和亲人一起学习、商量,取得他们对母乳喂养的支持是非常重要的!

知识解读

由营养不良直接或间接造成的 5 岁以下儿童死亡约占死亡总数的 1/3,其中 2/3 以上的死亡通常与 1 岁以前不合理的喂养方式有关。在经过多个国家、地区(纯)母乳喂养的大型研究后,世界卫生组织执行委员会于 1998 年 1 月在其第 101 届会议上组织全球基于当时的证据,对于婴幼儿适宜营养包括对母乳喂养和补充喂养开展特别关注并制定指南。在 2000 年 5 月第 53 届世界卫生大会和 2001 年 1 月执行会第 107 届会议对婴幼儿全球战略大纲和主要问题讨论之后,于第 54 届世界卫生大会(2001 年 5 月)对相关进展进行了评审。世界卫生组织总干事向第 55 届世界卫生大会提交了该战略。因而,婴幼儿喂养全球战略是以科学为基础的协商过程,通过在不同地区开展最佳可得的科学和流行病学证据为基础,对科学文献开展广泛评审和全球专家参与的多次技术协商会议后的成果。

世界卫生组织于 2003 年出版《婴幼儿喂养全球战略》,明确指出:纯母乳喂养是 6 个月以内婴儿喂养的最佳方式,在这期间母乳是婴儿健康生长和发育最为理想的食品,可以满足 6 个月以内婴儿所有的营养需要。从 6 个月起,婴儿应当在添加辅食的同时,持续母乳喂养直到 2 岁或更久。

2007 年,中国营养学会编制的《0～6 月龄婴儿喂养指南》中也指出:母乳是 6 个月之内婴儿最理想的天然食品。0～6 月龄婴儿是指从出生到满 6 个月以前的婴儿。

这里先介绍一下母乳喂养的相关概念。

• 纯母乳喂养:是指除给母乳外不给婴儿其他任何食品及饮料,亦包括水(除药物、维生素、矿物质滴剂外;用挤出的母乳喂养也属于纯母乳喂养)。

• 几乎纯母乳喂养:是指用母乳喂养孩子,但也给少量水或以水为基础的饮料,如水果汁。

• 全部(完全)母乳喂养:是指纯母乳喂养或几乎纯母乳喂养,指包含上述两者的任何一种情况。

• 人工喂养：人工喂养是指用母乳替代品喂养孩子的方法,如配方奶粉喂养孩子。

• 部分母乳喂养：是同时使用母乳和母乳替代品喂养孩子。

世界卫生组织《母乳喂养指南》中所提到的"纯母乳喂养"是指主要进行母乳喂养的婴儿,包括纯母乳喂养,亦包括几乎纯母乳喂养,即全部母乳喂养的方法。

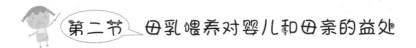

第二节 母乳喂养对婴儿和母亲的益处

孕 30 周

亲爱的准妈妈,母乳是母亲为婴儿精心设计的食物,母乳含有丰富的免疫活性物质,增加婴儿的抗病能力;母乳可以抵制大肠埃希菌,保护宝宝的肠黏膜,增强胃肠道的抵抗力,具有其他代乳品不可替代的优点。人乳中牛磺酸含量较多,为婴儿大脑及视网膜发育所必需。人乳中的脂肪也易于消化与吸收,且含有脑及视网膜发育所必需的脂类。

孕 31 周

亲爱的准妈妈,孕晚期婴儿快速生长,在保证基本营养物质摄入的基础上,切勿摄入过多食物,产生巨大儿,会影响自然分娩。人乳保留了人类生命发展早期所需要的全部营养成分,是牛乳等动物乳汁无法比拟的。人乳中的糖类含量高,在肠道中被乳酸菌利用后产生乳酸,促进肠道内钙的吸收并抑制病菌的生长,预防婴儿腹泻。人乳中钙磷比例更有利于婴儿钙的吸收,人乳中铁的吸收率远高于牛乳,锌、铜等微量元素含量也远高于牛乳。人乳中维生素 A、E、C 一般都高于牛乳。

孕 32 周

亲爱的准妈妈,母乳喂养可减少婴儿接触受污染的食物及容器的机会,是最安全的喂养方法。母乳含免疫活性物质可促进婴儿免疫系统的成熟,有利于抵抗肺炎、中耳炎、菌血症、脑膜炎及尿路感染等感染性疾病。母乳喂养可以显著降低婴儿腹泻,还能降低孩子将来患 2 型糖尿病、溃疡性结肠炎、儿童期肥胖和肿瘤等疾病的危险,对过敏性疾病也有一定的保护作用。母乳喂养有利于增进母子感情。

 知识解读

中国营养学会的《0～6 月龄婴儿喂养指南》中指出,母乳喂养对于婴儿与母亲均有益处。

1. 母乳喂养对于婴儿的益处

(1) 纯母乳喂养能满足 6 个月龄以内婴儿所需要的全部液体、能量和营养素。

(2) 母乳中的蛋白质最适合婴儿的生长发育需要,含有大量的乳清蛋白和丰富的不饱和脂肪酸,容易消化和有效利用,非常适用于生理功能尚未完全发育成熟的婴儿。

(3) 母乳中的脂肪种类丰富,比牛乳脂肪更易于消化与吸收,且含有丰富的脂肪酶,有助于消化脂肪。母乳含有脑及视网膜发育所必需的长链多不饱和脂肪酸,如花生四烯酸(ARA)、二十二碳六烯酸(DHA)等。

(4) 母乳中乳糖含量较牛乳高,不仅提供婴儿能量,亦能在肠道中被乳酸菌利用后产生乳酸,促进肠道内钙的吸收并抑制有害菌的生长。

(5) 母乳的矿物质含量比牛乳更适合婴儿的需要。婴儿的肾脏排泄和浓缩能力较弱,食物中的矿物质过多或过少均会给婴儿的肾脏及肠道带来过重负担,导致腹泻或肾脏损害。母乳中矿物质含量适宜,更符合婴儿的生理需要。母乳中钙含量虽低于牛乳,但钙磷比例恰当(2∶1),易于婴儿对钙的吸收及适于婴儿肾功能发育。虽然母乳中铁的含量与牛乳接近,但母乳中铁的吸收率高达50%,远高于牛乳。母乳中锌、铜的含量也高于牛乳,更适合婴儿生长发育的需要。

(6) 母乳中含生长调节因子如牛磺酸等,对婴儿细胞增殖和发育有重要作用,非常适合于身体快速生长发育。

(7) 母乳含有多种免疫活性物质,包括分泌型 IgA、IgM、补体 C3、溶菌酶、吞噬细胞等,这些都是免疫卫士的不同种类,可以保护婴儿少患腹泻、呼吸道感染、耳部感染以及脑膜炎和尿路感染。

(8) 母乳中的维生素含量与乳母营养状况密切相关,尤其是水溶性维生素和脂溶性维生素 A。母乳中维生素 A、C、E 含量都高于牛乳。牛乳中的部分维生素可在加热过程中遭破坏,而在人乳中则无此问题。母乳中维生素 K 含量较低,因此建议孕期可以摄入富含维生素 K 的食物,如深绿色蔬菜。乳母若日光照射不足而食物中维生素 D 摄入量亦不足时,母乳中的维生素 D 不能满足婴儿的生理需要,需额外补充。

(9) 母乳喂养可以促进婴儿的感知发育,增进亲子交流,使婴儿更有安全感。

(10) 母乳安全又方便,母乳中的蛋白质大部分是婴儿的同种蛋白,不会引起婴儿免疫系统的排斥反应,不易发生过敏反应。而且母乳喂养减少了接触污染食物及容器的机会,使婴儿患感染性疾病的风险降低。母乳喂养可以降低溃疡性结肠炎的风险,降低儿童期超重、肥胖和肿瘤等疾病的风险。

2. 母乳喂养对于母亲的益处

(1)刺激子宫收缩,减少产后出血:当宝宝吸吮乳头时,由于条件反射引起大脑分泌催产素,因而促进母亲子宫收缩,减少产后出血。

(2)促进子宫复旧,利于身体恢复:哺乳有助于子宫收缩,加快了生殖系统的恢复。

(3)增加母亲能量消耗,促进体型恢复:哺乳对于母亲来说是一种能量消耗,因而有利于减少体重,早日恢复体型。

(4)推迟母亲月经复潮,有助于产后避孕:宝宝在吮吸乳头时,刺激母亲大脑释放催乳素,催乳素不仅能够促进乳房分泌乳汁,还能抑制卵泡的发育,阻止排卵,因而有助于产后避孕。

(5)减少卵巢癌和乳腺癌的发病率:大量流行病学研究已证明,有过哺乳经历的母亲,其卵巢癌和乳腺癌发病的风险显著降低。

(6)减少家庭经济负担:与市场上婴儿配方奶相比,母乳无疑是经济的选择。

此外,母乳喂养对于社会也存在好处,可以降低社会的经济负担。

准妈妈需为产后母乳喂养做好营养上的准备:孕期平衡膳食和适宜的体重增长,可以使孕妇身体有适当的脂肪蓄积和各种营养储备,有益于产后泌乳。在适宜的孕期增重中,有 $3\sim4$ kg 脂肪蓄积是为产后贮备的能量。而产后母乳喂养则有助于这些贮备的脂肪消耗,有利于产后体重的恢复。

第三节 早开奶和初乳很重要

孕 33 周

亲爱的准妈妈,产后婴儿吸吮乳头可反射性地引起宫缩素分泌,促使子宫收缩,利于母亲及早复原,减少产后并发症。母乳喂养使母亲与婴儿之间有亲密的接触,会使婴儿获得最大的安全感和情感满足。孩子出生后要早接触,早吸吮,早开奶,这是母乳喂养成功的保证。婴儿的吸吮反射通常在出生第 1 小时内最强,产后半小时是最理想的开奶时间。对于难产的新生儿和早产儿可以酌情推迟开奶时间。没有乳汁也要让宝宝吸,这样才能促进乳汁的分泌。

孕 34 周

产后 7 天内的母乳称为初乳,量少,质稠,色微黄,含脂肪少,蛋白质多,同时含有较丰富的微量元素、必需氨基酸和免疫活性物质,对婴儿防御感染及初级免疫系统的建立十分重要。初乳十分珍贵,应尽早开奶。切勿先喂糖水或牛乳,这样做会减少新生儿对母乳的需求,减慢下奶。从现在起,请开始护理乳头,为母乳喂养做准备吧,每天用温毛巾轻轻擦拭乳房及乳头。切忌用肥皂和酒精,否则易使乳头皲裂。

知识解读

初乳为分娩 7 天内分泌的乳汁,呈淡黄色,质地黏稠。之后第 8~

14 天的乳汁称之为过渡乳,两周后称为成熟乳。初乳对婴儿十分珍贵,其特点是蛋白质含量较高,含有丰富的免疫活性物质,帮助婴儿在最初的几个月内防御感染及初级免疫系统的建立十分重要。初乳中微量元素、长链多不饱和脂肪酸等营养素比成熟乳要高很多。初乳亦有通便的作用,可以清理初生儿的肠道,排出胎便。因此,应尽早开奶,30分钟为最佳开奶时间,建议产后 1 小时内开奶,因为婴儿的吸吮反射在出生后 1 小时内是最强的。尽早开奶还可减轻婴儿生理性黄疸、生理性体重下降和低血糖的发生。如果是剖宫产的新生儿,建议在 2 小时内开奶;对于难产的新生儿和早产儿可以酌情推迟开奶时间,但不能推迟过久,建议不晚于 6 小时。

在顺利分娩,并且母子健康状况均良好的条件下,宝宝娩出后应尽快吸吮母亲的乳头,获得初乳。尽早吸吮乳房具有刺激泌乳的作用。过去曾经主张新生儿在出生后 24～48 小时后才开始喂奶,理由是让母亲和新生儿充分休息消除疲劳后再喂奶。但目前主张开奶应越早越好,新生儿最理想的第一次吸吮乳头应在产房。因为刚出生的婴儿觅食和吸吮反射特别强烈,刚分娩的妈妈也十分渴望看见和抚摸自己的孩子。所以当新生儿分娩断脐后,在进行完必要的护理工作后,可将新生儿放在妈妈身边,进行皮肤接触和情感刺激,并让新生儿吸吮双侧乳头各 3～5 分钟,往往可获得初乳数毫升。即使刚开始时还没有乳汁,妈妈仍然要勤喂奶,唯有这样才能促进乳汁分泌。

乳房护理:孕期随着乳房的不断发育,应适时更换胸罩,选择时应注意可以完全覆盖乳房并能有效支撑乳房底部和侧边,不要挤压乳头。进行乳房护理时,应时刻注意是否有腹痛发生,因为乳头刺激会反射性地引起子宫收缩。如果有腹痛的感觉,应立即停止对乳头的刺激。

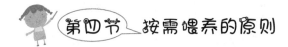

第四节 按需喂养的原则

孕 35 周

一个健康乳母每天分泌乳汁量最多达 800~1 000 ml,可以完全满足 6 个月以内婴儿营养的需要。婴儿反复吸吮,每次吸空乳房是促进乳汁分泌的最好方法。婴儿应按需喂养,当孩子哭闹,妈妈感觉他要吃奶或者奶胀,想喂奶时就可以喂。只要获得正确的信息和适宜的支持,所有的母亲都可以哺乳。记得多与你的丈夫和亲人商量产后如何喂养孩子,他们对母乳喂养的支持非常重要!

 知识解读

1. 按需喂养的原则

应该按需喂奶,每天可以喂奶 6~8 次以上。至少坚持完全纯母乳喂养 6 个月。从 6 个月开始添加辅食的同时,应继续给予母乳喂养,最好能到 2 岁及以上。乳母若超过 6 小时未哺乳,至少要挤一次奶。挤出的奶若要喂哺婴儿,应该装入经过消毒洁净的容器中,并立即存放入冰箱。

2. 什么是配方奶粉

由于某些原因,如乳母患有传染性疾病、精神障碍、医护人员确定的乳汁分泌不足或无乳汁分泌等,不能进行纯母乳喂养婴儿时,建议首选适合 0~6 月龄婴儿的配方奶粉进行喂养。但注意不宜用普通液态奶、成人奶粉、蛋白粉或淀粉类食品等直接喂养婴儿,因为出生后 6 个月内的婴儿体内脂肪酶和淀粉酶产生不足,没有足够的消化能力。

婴儿配方食品是除了母乳外,适合 0～6 月龄婴儿生长发育需要的合适选择。它是经过对母乳成分、结构及功能等方面进行不断的研究和改进,以母乳为蓝本对动物乳进行改制,其营养成分的比例和含量适合于婴儿,并添加了多种微量营养素,性能、成分及含量与母乳非常接近。

大多数情况下,婴儿配方奶粉是在牛奶的基本构成基础上,按母乳成分、结构及功能改造而成。改造内容包括调整蛋白质的构成及其他营养素含量,使其更能满足婴儿需要。如将乳清蛋白比例增至 60%,降低蛋白质总量,以便减轻婴儿肾脏负担;减少酪蛋白至 40%,以便消化吸收;增加牛磺酸和肉碱以满足婴儿生长发育的需要。脂肪方面的改造包括脱去牛奶中全部或部分的饱和脂肪,加入富含多不饱和脂肪的植物油,添加大脑发育所需的长链多不饱和脂肪酸,如二十二碳六烯酸(DHA)、花生四烯酸(ARA),尽量使脂肪酸的构成接近母乳。减少了矿物质总量,减轻肾脏负担。调整了钙磷比例,增加了铁、锌、维生素 A、维生素 D、维生素 K 等矿物质和维生素的含量,以满足婴儿营养的需要。婴儿配方奶粉的基质多来源于牛乳或大豆,但由于牛乳与大豆的营养素构成及含量不同于母乳,生物利用率也低于母乳,故需对其进行较大调整,使其尽可能与母乳接近,适合婴儿的消化特点,满足婴儿的营养需要。

3. 配方奶粉的分类

(1) 适用于 0～6 月龄不能用母乳喂养婴儿的配方奶。

(2) 适用于 6 月龄以后较大婴儿的配方奶。

(3) 特殊医学用途的配方奶:适用于生理异常或有特殊膳食需求

的婴儿,如为早产儿、先天性代谢缺陷(苯丙酮酸尿症)患儿分别设计的配方奶,乳糖不耐受儿需食用无乳糖配方奶粉,预防和治疗对牛奶过敏的婴儿需食用特殊设计的水解蛋白或其他不含牛奶蛋白的配方奶等。

对于可以进行母乳喂养的母亲和婴儿,仍然鼓励坚持纯母乳喂养,因为没有一种食品可以完全替代母乳的营养,母乳仍然是最适合 6 个月以内婴儿生长发育需要的最佳食品。

4. 人工喂养

由于妈妈和宝宝的身体原因不能进行母乳喂养时,可采用配方奶、动物乳(牛乳、羊乳等)或其他母乳代用品喂养婴儿,这种非母乳喂养的方法称为人工喂养。无法进行母乳喂养的婴儿,应首选 0～6 月龄婴儿配方奶。

5. 部分母乳喂养或混合喂养

由于某些条件限制,如母乳不足、无法进行纯母乳喂养时,需要补充母乳代用品,这种同时母乳喂养和代母乳品喂养的方式称为部分母乳喂养或混合喂养。需要注意的是,在部分母乳喂养时应尽量保持母乳的分泌,定时喂奶,及时排空乳汁。乳母外出若超过 6 小时,至少要挤一次奶,挤出的奶一定要装在消毒容器中,放入冰箱保存。乳汁短期(<72 小时)贮存于冰箱冷藏室(≤4℃),或将富余的乳汁长期(<3 个月)贮存于冷冻室(<−18℃),仍需尽早使用。

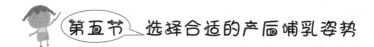

第五节 选择合适的产后哺乳姿势

孕 36 周

亲爱的准妈妈,标准的哺乳姿势是:胸贴胸,腹贴腹,下颌贴乳房,鼻尖对乳头。妈妈用 4 个手指托起乳房,将大拇指放在上面,轻轻地用乳头刺激宝宝的嘴唇,使宝宝自然张开嘴巴,将乳头及大部分的乳晕送入宝宝嘴中。哺乳后,应将婴儿竖起直抱,头依母肩,轻拍婴儿背部,将空气排出,可防溢奶。

 知识解读

由于分娩方式的不同,相应地妈妈会需要采取不同的喂奶姿势为自己或宝宝找到一个较为舒适的位置。所以,准妈妈在孕期预先了解母乳喂养的各种姿势,将来分娩后喂起宝宝来就会游刃有余。

1. 侧卧式

如果妈妈刚刚经历剖宫产手术或会阴侧切术,采取侧卧式会比较合适。让宝宝在妈妈身体一侧,用一手的前臂托住宝宝的背部,另一手腾出空间让宝宝侧卧。这种姿势易于观察宝宝是否已含住乳头,是否进行有效吸吮,还可以帮助妈妈避免因为抱宝宝而影响到伤口(图3-1)。

图 3-1　产后哺乳(侧卧式)

2. 摇篮式

用妈妈手臂的肘关节内侧支撑住宝宝的头。此方法需注意的是要使宝宝的腹部紧贴妈妈的身体,适合哺乳配合好的母婴(图3-2)。

图3-2 产后哺乳(摇篮式)

3. 交叉式

位置与摇篮支撑法一样,但用妈妈对侧手臂支撑宝宝头部,另一侧前臂支撑身体,这样有助于妈妈更好地控制宝宝头部的方向。本方法适用于早产儿或吸吮乳头有困难的宝宝(图3-3)。

图3-3 产后哺乳(交叉式)

4. 橄榄球式

此方法有利于妈妈观察宝宝的吸吮情况,也可帮助避开剖宫产伤口。步骤为先让宝宝躺在与乳房高度基本持平的支撑物上,并置于妈妈的手臂下,将宝宝的脸靠近妈妈的胸部,妈妈的手支撑起宝宝的头和肩膀。可以在宝宝头部下垫一个枕头,帮助宝宝更容易地含到妈妈的乳头。适用于吃奶有困难的宝宝(图 3-4)。

图 3-4 产后哺乳(橄榄球式)

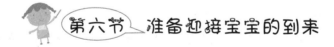

第六节 准备迎接宝宝的到来

孕 37 周

亲爱的准妈妈,请记住:宝宝出生后不要给宝宝喂奶瓶或奶嘴,因为宝宝吃到容易含住又不用费劲的奶嘴,产生"奶头错觉",就不肯费劲去吃妈妈的奶头了,可导致母乳喂养失败。乳头皲裂常发生在哺乳的第 1 周,防止乳头皲裂最简便的方法就是让宝宝完全含住奶头和大部分乳晕，每次喂奶的时间以不超过 20 分钟为好。

孕 38 周

亲爱的准妈妈，为了孩子的健康，如果你和胎儿一切都正常，建议选择自然分娩。母乳是妈妈送给宝宝第一份珍贵的礼物。坚信自己有足够的乳汁供给宝宝，放松紧张心情，减少焦虑，保证足够的营养和休息，掌握正确哺乳的技巧，你一定可以进行母乳喂养的。分娩后如果乳汁分泌不多，不用惊慌，宝宝刚出生胃容量还很小，食量也小。产后 3～4 天妈妈的泌乳量会开始明显增多。请记住产后的初乳营养价值高，分娩后宜早吸吮、早开奶，这将是新生儿获得的珍贵礼物。

孕 39 周

亲爱的准妈妈，孕 37～40 周胎儿娩出称为足月儿，妈妈随时可以分娩。临产分娩前通常有三大征兆，即规律性宫缩、破水、见红。当出现以下情况时要马上去医院：①当宫缩达到每 5～6 分钟出现一次，每次持续时间超过半分钟。②破水后立即去医院，注意去医院的路上尽量减少颠簸，防止羊水大量外溢。③见红的出血量很大，或大量涌出，呈鲜红色。

孕 40 周

亲爱的准妈妈，出现宫缩怎么办呢？走动可能会使腹痛加剧，你可以卧床躺着休息，深呼吸。用垫子或椅子做支撑，找到一种最适合的姿势减轻疼痛。不要做剧烈运动，不做使用腹肌的运动，可以散步，最好有家人陪伴。如果宫缩不规律或是规律但间隔很长，说明离分娩还有一段时间，可以在家休息。等阵痛达到至少 10 分钟一次的时候再入院待产。

孕 41 周

亲爱的准妈妈,出现见红怎么办? 如果只是出现了淡淡的血丝,量也不多,准妈妈可以留在家里观察。如果见红后出现阵痛和破水就应该立即在家人的陪伴下去医院,一般不需要叫救护车。不管在什么场合出现破水,都应立即平躺,防止羊水流出。破水可能导致宫内感染,所以一旦发生破水都应立即去医院。在临近分娩时不要做重活或是剧烈运动,尽量避免下蹲,防止外力对腹部的伤害。

孕 42 周

亲爱的妈妈,预产期并不是精确的分娩日期,它可以提醒你胎儿安全出生的时间范围,但不会精准到哪一天。多数孕妇不会在预产期的那一天分娩,预产期前后 2 周内出生都属正常范围。如果到了孕 41 周还没有临产征兆出现,这时候应该去医院。

知识解读

宝宝刚出生的几天,吃奶会比较频繁,每次吃的时间也长,这其实是有助于妈妈乳房排空与刺激泌乳的。由于初乳营养物质丰富,一定要抓住机会让宝宝多吸吮初乳。产后 3~4 天妈妈的泌乳量开始明显增多,婴儿吃的奶量也随之增多。频繁有效吸吮,多与宝宝皮肤接触,建立母乳喂养的信心与获得家属的支持都是产后成功母乳喂养的重要途径。此外,产后要尽量做到母婴同室,保证能够按需哺乳,尤其是夜间哺乳;产妇保持心情舒畅,适当补充水分,不使用奶瓶、奶嘴,并尽量不使用安抚奶嘴,避免乳头混淆。

观察宝宝是否奶量摄入足够的依据: 出生后 3 天大便由黑色胎粪

转为绿色,出生 5 天以后每天有 6 次以上的小便,颜色清淡,每天大便1～3次。

　　婴儿在出生后会有生理性体重下降,家长不必惊慌。新生儿出生后 24 小时内体重会发生下降,但一般不超过 5%;出生后 48 小时内一般会下降不超过 7%,72 小时不超过 10%;之后体重会逐渐回升,在出生后第 10～14 天恢复至出生时的体重。

(蒋 泓 李 沐 杨东玲)

1. 世界卫生组织,联合国儿童基金会. 婴幼儿喂养全球战略. 2003.
2. 中国营养学会妇幼分会. 中国孕期、哺乳期妇女和 0～6 岁儿童膳食指南. 北京: 人民卫生出版社, 2010.
3. 中华医学会儿科学分会儿童保健组, 中华医学会围产医学分会, 中国营养学会妇幼营养分会, 等. 母乳喂养促进策略指南(2018 版). 中华儿科杂志, 2018, 56(4): 261 - 266.

第四章

出生后第 1～6 个月婴儿的合理喂养

　　婴儿出生后 1～6 个月合理喂养的重点是告诉母亲 6 个月内婴儿的平衡膳食主要就是做好母乳喂养。因此,内容主要包括传递母乳喂养的知识、技巧,增强母亲的自我效能,指导母亲进行开奶和积极的母乳喂养,对母乳喂养中可能发生的问题给予建议与帮助。本部分内容可作为分娩医院与负责产后保健的机构提供妈妈产后与婴儿保健的补充信息,例如,指导如何开奶、分娩后饮食的注意点、如何保持良好卫生习惯,如何防止婴儿吐奶等。本着分类指导的原则,本部分内容在产后一个月内尤其注意对剖宫产的产妇进行母乳喂养的积极引导,并分别对母乳喂养和采用其他喂养方式的妈妈提供相对应的指导。

第一节　出生后第 1 个月：1 个月内婴儿的平衡膳食

第 1 个月第 1 周（出生后第 1 周）

　　所有妈妈：亲爱的妈妈,恭喜你顺利诞下可爱的宝宝,你已经给宝宝吸吮乳头了吗？记得早接触,早吸吮,早开奶。一定要让宝宝吸妈妈的初乳。进行按需哺乳,一般来说每日喂奶 8～12 次,通常 2～3 小时喂一次,每次 10～20 分钟;两侧喂,吸空一侧,再喂另一侧。不要给新生儿喂糖水,切勿给宝宝喂奶瓶或者奶嘴。新妈妈大多乳腺管还未完全通畅,不用着急喝催奶汤。

顺产妈妈:随着你的自然分娩进程,体内的激素已经开始了自我调节,泌乳素已开始启动,现在是你母乳喂养能否成功的关键时期,一定要尽早积极地让宝宝吸吮你的乳头,宝宝的健康将受益无穷!如果你经历了会阴切开术,你可以尝试侧卧位哺乳,或把床头摇高,半卧位哺乳,这样的姿势将不会导致你会阴伤口疼痛。千万不要因为伤口疼痛,拒绝宝宝的吸吮。充分利用身边的医疗资源,快快请教病房的医护人员吧。

剖宫产妈妈:剖宫产的妈妈虽然不像自然分娩那样很快感觉到乳房胀痛,但从宝宝出生开始,体内的激素就开始了自我调节,泌乳素就开始启动,宝宝越早、越频繁地吸吮,越有利于泌乳反射更早建立。所以要提醒妈妈,不要因为剖宫产伤口疼痛而拒绝宝宝的吸吮。应该在术后尽早让宝宝多多地吸吮,可以让家属帮你将宝宝置于适当的位置,采取侧躺哺乳的姿势(请阅读第三章孕 36 周哺乳姿势介绍)。

 知识解读

母乳是 6 个月以内婴儿最理想的天然食品(图 4 - 1)。此阶段的婴儿应按需喂奶,每天喂奶 6～8 次以上,应做到纯母乳喂养至少 6 个月。从 6 个月开始添加辅食,同时应继续给予母乳喂养至 2 岁及以上。这样的喂养指南是建立在宝宝生理发育,尤其是消化系统发育特点上的。

图 4-1 出生第 1～6 月龄婴儿平衡膳食宝塔(改编自中国营养学会妇幼分会颁布的《中国孕期、哺乳期妇女和 0～6 岁儿童膳食指南》,2010)

1. 0～6 月龄婴儿生长发育的特点

宝宝出生后 1 周内由于尚未适应子宫外的新环境,通过喂养得到的水分不能够完全补偿呼吸、排汗和排尿等丢失的水分,因此引起短暂的生理性体重下降。但体重下降一般不会超过出生体重的 10%,在出生后 7～10 天恢复到出生时体重,并在婴儿期(1 岁前)保持高速增长。0～3 月龄的婴儿平均每月增加 1 kg,4～6 月龄的婴儿平均每月增加 0.5 kg,3～4 月龄时体重约是出生体重的 2 倍。1 岁时宝宝身长增长约为出生时的 1.5 倍。

2. 0～6 月龄婴儿消化系统的特点

新生儿宝宝的胃呈横向水平状,胃入口处的贲门括约肌较弱,而胃出口处的幽门括约肌较紧张,这样的结构导致宝宝在吃奶后容易发生溢奶。新生儿即便是足月儿的胃容量也比较小,仅为 25～50 ml,到出生后第 10 天逐渐增加到 100 ml,6 月龄时约为 200 ml。由于胃液和胃酸的分泌量较少,胃蛋白酶的活性较弱,凝乳酶和脂肪酶含量较少,因而消化能力较弱,胃排空所费时间较长。消化酶的活性较差,胰淀粉酶分泌匮乏(4 月龄后才逐渐分泌增多),胰脂肪酶的活性亦较弱,肝脏分泌的胆盐较少,因此脂肪的消化与吸收较差,这也是为什么出生后前 6 个月不建议添加辅食的原因。

新生儿的消化器官还未发育成熟,功能不健全。唾液腺发育不成熟,唾液分泌不足,口腔黏膜干燥且易受损。唾液中淀粉酶含量低,不能够消化淀粉类食物。4 个月开始宝宝唾液腺分泌功能逐渐完善,唾液分泌量增加,淀粉酶含量也增加,消化淀粉类食物的能力增强。因此,从 6 个月开始,宝宝可以开始吃一些泥糊状食物,宝宝满 6 个月前建议纯母乳喂养,在没有母乳喂养的条件时可以用配方奶粉喂养。

3. 人工喂养的注意事项

对于不能进行母乳喂养的宝宝,人工喂养时一定要注意选择适宜的奶瓶及奶嘴。奶瓶和奶嘴一定要彻底清洗与消毒,调制婴儿配方奶时一定要用清洁的饮用水。严格按照冲调比例,避免配方奶过稀或过稠。因为过稀的配方奶会导致婴儿营养摄入不足,而过浓的配方奶会导致婴儿消化不良,引起腹泻或其他健康问题。同时,应遵循说明中的冲调程序。

1) 奶的温度:配方奶的温度应适宜,不应过热或过冷,看护者应将调好的奶液滴几滴在自己手腕内侧或手背,以试探奶液的温度。

2) 喂养时间:喂奶时间每次 15～20 分钟,不宜超过 30 分钟。

3) 排出空气:喂奶时应使奶瓶垂直于婴儿嘴唇,并使奶嘴溢满奶液,避免婴儿吸入空气。

4）观察食量：若发现婴儿存在牛奶过敏反应,包括腹痛、湿疹、荨麻疹等,应立即停止使用,并在医生指导下改用其他特殊奶粉。

关键信息：

- 母乳是未满 6 个月以内婴儿的最理想的天然食品
- 按需喂奶,每天一般喂 6~8 次以上
- 在医生指导下补充维生素 D 或鱼肝油

当妈妈存在一些特殊健康情况,如患病毒性肝炎、艾滋病病毒感染等,母乳喂养的适应原则存在差异。目前认为,病毒性肝炎的母亲可以进行母乳喂养,但同时应该通过接种乙肝疫苗预防母婴传播;当处于急性期时,需寻求医生的专业指导。艾滋病病毒感染的母亲目前提倡进行人工喂养,不推荐母乳喂养,杜绝混合喂养。

第 1 个月第 2 周（出生后第 2 周）

亲爱的妈妈,也许第一周宝宝的体重没有增加或增加很少,不用担心,这是生理性新生儿体重下降,并不代表宝宝生病了。因为宝宝这时吃奶少,加上胎粪和尿液的排出,使身体水分丢失。如早期喂母乳,随要随喂,多次吸吮可减少水分的损耗。如果妈妈感到乳房胀痛,可以增加宝宝喂奶的频率。宝宝吮吸的乳汁越多,乳房肿胀也会相应地减轻。还可以轻轻按摩乳房,在哺乳结束后将多余的乳汁挤出。

 知识解读

产后 1~2 周,大多数妈妈已离开分娩医疗机构回到家里,有可能遇到各种婴儿喂养问题。由于缺乏专业人员的指导,很多问题得不到

及时解决,这是妈妈放弃母乳喂养的主要因素。因此,积极寻求专业指导与支持,可以帮助母亲克服对于母乳喂养的负面情绪。

此时,妈妈分娩时留下的剖宫产或会阴侧切伤口已大部分好转,疼痛不再像第一周那么明显,可以坐着喂奶。亲爱的妈妈,哺乳时亲喂,是您和宝宝分享母乳美食的快乐时光,您关爱的眼神,温暖的怀抱,亲切的交流是亲子关系建立的良好途径,有助于宝宝社会交往能力的发展。一般情况下鼓励妈妈亲喂宝宝,不要选择瓶喂。喂奶时两侧乳房轮流喂,吸光了一侧后再吸另一侧。如果吸完一侧乳房后奶量已满足婴儿需要,应将另一侧乳汁挤出或用吸奶器吸出。喂好奶后应避免马上让婴儿平躺,应将婴儿竖起抱直,头靠在成人肩部,轻拍婴儿背部,帮助排出吞入胃里的空气,防止溢奶。

产后乳房肿胀一般持续1~10天,频繁吸吮是预防和缓解乳房肿胀的有效措施。宝宝若不能吸光所有乳汁的情况下,妈妈应该积极、频繁地移出乳汁;轻柔的按摩也可以缓解乳房疼痛,帮助乳汁排出。但注意按摩时要轻柔,持续时间不宜过长,以防止造成乳房组织损伤,导致乳腺炎。此外,哺乳前可以进行短暂的湿热敷,可以帮助乳汁排出;哺乳前按压乳晕和手指挤乳汁可以软化乳晕,有助于婴儿含乳。乳汁移出后,可以进行冰敷或冷敷,缓解疼痛。

第1个月第3周（出生后第3周）

亲爱的妈妈,出生后2周可以给宝宝添加维生素D,先加1~2滴,2~3天后逐渐增加,1~2周后即可用常规补充剂量,预防剂量为10 μg(400 IU)。月子里妈妈要少食多餐,建议多喝一些汤水;宜多吃些牛乳、豆乳及其制品,以利于吸收优质的蛋白质和钙;同时,需适量吃些主食,保证供给充足的能量;吃一定量的肉类食物,以摄取较多的维生素和矿物质;还应多吃些蔬菜、水果,以摄取足量的维生素。

 知识解读

由于母乳中维生素 D 含量较低,而机体维生素 D 必须通过阳光照射后才能合成,所以应尽早抱婴儿到户外活动,促进阳光对皮肤的照射,促进机体维生素 D 的合成。当户外活动时间缺乏,并且单纯母乳喂养的状况下,易发生维生素 D 缺乏,对婴幼儿健康产生不利影响。严重的维生素 D 缺乏可造成佝偻病,儿童会发生神经精神和骨骼方面的病理变化。

新生儿出生数日应及时补充维生素 D,每日 400 IU;早产儿、双胞胎或多胞胎,前 3 个月每日补充 800 IU 的维生素 D,以后再改为每日 400 IU。

宝宝频繁有效吸吮是妈妈预防乳腺炎的法宝。有的妈妈在产后数周发生乳腺炎,痛苦不堪。常见的原因归根结底是母乳哺乳次数、哺乳时长不充分,婴儿含乳姿势不正确,导致乳汁排出不足,造成乳汁淤积。也有的乳腺炎是因为对乳汁淤积进行了过度按摩,导致乳腺组织损伤。还有的原因是乳头皲裂,细菌得以进入乳房。

预防乳腺炎,妈妈应做到,根据婴儿的需求频繁哺乳,两次哺乳间隔时间不宜过长。如果无法给宝宝直接哺乳,也应该挤奶,不让乳汁淤积。一旦发生乳腺炎应及时就医,在医生指导下合理使用抗生素并进行婴儿合理喂养。

第 1 个月第 4 周（出生后第 4 周）

亲爱的妈妈,如何判断婴儿吃到了足够的乳汁呢? 喂奶时能听到婴儿的吞咽声;母亲有泌乳的感觉,喂奶前乳房饱满,喂奶后较柔软;婴儿尿布24小时尿湿6次以上；婴儿经常有软的大便，少量多次或大量一次；在两次喂奶之间婴儿很满足，神情安宁，婴儿眼睛明亮，反应灵敏。第1个月内婴儿体重每周增加约125g。

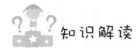

不同形式的婴儿喂养

由于种种原因，如乳母患有传染性疾病、神经障碍、乳汁分泌不足或无乳汁分泌等，妈妈不能用纯母乳喂养婴儿。在这种情况下，建议首选适合于0～6月龄婴儿的配方奶粉喂养，不宜直接用普通牛(羊)奶、成人奶粉、蛋白粉等喂养婴儿。婴儿配方奶粉是随食品工业和营养学的发展而产生，是除了母乳外，适合0～6月龄婴儿生长发育需要的食品。人类通过不断对母乳成分、结构及功能等方面的研究，调整了其营养成分的构成和含量，添加了多种微量营养素，使婴儿配方奶粉的性能、成分及含量基本接近母乳。

当出现下列情况时，提示婴儿可能需要添加配方奶：母亲产后一直没有奶水；婴儿满月时体重增长不到500g；宝宝尿少，颜色深，且每天少于6次；婴儿在喂奶后不满足，持续哭闹，喂奶频繁；母亲挤奶时挤不出奶，婴儿拒绝吃母乳。

在部分母乳喂养时，要尽量保持母乳的分泌，定时喂奶；乳母要注意充足的休息和合理营养，保持良好心态。母亲需要外出工作等超过6个小时，至少要挤一次奶；将挤出的奶装在消毒好的瓶子里密封，放入冰箱保存。乳汁贮存于冷藏室(≤4℃)时，应在72小时内食用完毕；当贮存于冷冻室(＜－18℃)时，应在3个月内食用完毕。母乳不足部分,可添加适量 0～6 月龄的婴儿配方奶粉。

人工喂养时,每次喂奶时应使奶瓶留有部分剩余奶液,以便观察婴儿食量并确认婴儿是否已经喝足。喂完奶后,应将婴儿竖起,头靠在成人肩部,轻拍其背部,帮助排出吸入的空气。两次喂哺的间隔一般不宜超过 3～4 小时,每次喂奶不必强行要求婴儿喝完所有的奶,剩余的奶液应立即处理掉,并及时清洗容器。

出生后,宝宝们都要开始进行免疫接种。根据国家计划免疫接种种类、时间和剂次,儿童保健医生会嘱咐家长各次免疫接种时间,请一定要遵循。预防接种后,少数儿童可能会哭闹、轻微发热、出现皮疹或胃口不佳等。这些都是常见的反应,家长不必过分担心,一般不需要治疗,经过 1～2 天后这些反应就会消失。若儿童反应程度严重,如高热不退、局部化脓感染、精神差,且不思饮食,应立即送往医院诊治。

第二节 出生后第 2 个月:不必要喂母乳或配方奶以外的食物

对于母乳喂养的母亲,应鼓励年轻母亲继续母乳喂养,并提醒所有母亲不要过早地添加果汁等辅食。祖辈与其他人参与婴儿喂养,需提醒母亲向所有参与婴儿喂养者传达勿过早添加辅食的科学理念。

人工喂养的妈妈主要是指由于各种客观原因,经多方努力仍不能进行母乳喂养的妈妈,主要是指完全人工喂养。

第 2 个月第 1 周(出生后第 5 周)

母乳喂养的妈妈:亲爱的妈妈,恭喜宝宝满月了。这个月里宝宝将会抬头哦。满月后就应该给宝宝添加配方奶了吗?当然不用,纯母乳喂养应坚持到 6 个月；添加辅食后，母乳也应喂到两岁或更长时间。纯母乳喂养的婴儿，在 6 个月内不必增加任何食物和饮料，包括水。因为母乳中水的含量已经能够满足婴儿新陈代谢的全部需要。

人工喂养的妈妈：亲爱的妈妈，因为种种原因你无法给宝宝母乳喂养，那么建议你给宝宝喂相应阶段的婴儿配方奶。用配方奶时要注意水的温度应在 37℃，如果用 50℃ 以上的开水会把里面的维生素破坏掉。请注意配方奶一定要按照说明来加水，太浓会发生腹泻、肠炎、肾功能衰竭，太稀就会造成营养不良。配奶时要注意卫生。打开罐头后，如果放置时间过长（超过 2 周）就可能被污染。吃剩的奶一定要倒掉，不可加热后让宝宝再吃。

第 2 个月第 2 周（出生后第 6 周）

母乳喂养的妈妈：亲爱的妈妈，由于小婴儿胃的解剖结构发育上不成熟，呈横位，贲门括约肌收缩相对松弛，幽门括约肌收缩相对较紧，经常会在喝完奶后吐奶。应对策略：不要频繁喂奶，每次喂奶时间间隔 2～3 个小时，让胃排空后再摄入新奶；每次喂完奶后，不要立即让孩子躺下，应竖抱孩子并轻拍后背，帮助宝宝将胃中空气排出来。

人工喂养的妈妈：亲爱的妈妈，喂配方奶时最好采用抱着喂的方式。妈妈一定要坐舒服了，全身放松，这样宝宝在你的怀抱中才会感到舒适和温暖。喂奶前要用眼神和言语充分和孩子沟通，让孩子感受到母爱。奶嘴不能太大，也不能太小，以奶瓶倒立时，奶液能以滴状连续滴出为宜。在整个喂奶过程中，奶嘴中要充满奶，这样才能减少孩子吞入过多的气体。一次喂奶的时间不要太长，10～20 分钟较合适。

第 2 个月第 3 周（出生后第 7 周）

母乳喂养的妈妈：很多妈妈出了月子，为了照顾宝宝，不知不觉地忽略了自己的饮食。时间一久,母乳就会渐渐减少或跟不上宝宝成长的速度。妈妈的饮食营养是母乳充足的保证。这时候的好营养仍然是"一人吃,两人补"。所以建议出了月子的妈妈们仍然要继续健康饮食。

人工喂养的妈妈:亲爱的妈妈,进入 2 个月后,爱吃的宝宝一次能吃奶 150 ml,甚至个别宝宝一顿喂 180 ml 还意犹未尽;而食量小的孩子顶多吃 100 ml,再多一口也不肯吃了。这是由宝宝生理上的个体差异所决定的。只要宝宝平均每日体重增加 25～30 g,每月增重 800～1000 g,宝宝的体格发育是不会受影响的,他仅仅是一个食量小的宝宝而已,妈妈不必过分焦虑,不必强迫他喝奶。

第 2 个月第 4 周（出生后第 8 周）

母乳喂养的妈妈:亲爱的妈妈,母乳喂养的母亲必须有充分的睡眠和休息,若疲劳过度,会降低乳汁的分泌量。此外,乳腺分泌乳汁的多少,与乳母的精神状态有密切关系。紧张、焦虑、生气或惊恐,都会影响催乳素的分泌,进而影响乳汁分泌。因此,在哺乳期间,务必保持心情平静、愉快,这样才能保证乳汁的正常分泌。

人工喂养的妈妈:亲爱的妈妈,由于小婴儿胃的解剖结构发育上不成熟,呈横位,贲门括约肌收缩相对松弛,幽门括约肌收缩相对较紧,经常会在喝完奶后吐奶。应对策略:不要频繁喂奶,每次喂奶时间间隔 2～3 个小时,让胃排空后再摄入新奶;每次喂完奶后,不要立即让孩子躺下,应竖抱孩子并轻拍后背,帮助宝宝将胃中空气排出来。

 知识解读

有很多妈妈会疑问要不要给宝宝额外喂些水?婴儿的胃容量其实是很有限的,相当于婴儿自己的拳头大小。如果额外给婴儿喂水,会增

加肠胃负担,同时也会占据胃容量,影响婴儿喝奶的食欲,对于营养吸收不利。母乳或配方奶中大部分成分为水(约占 90%),因而婴儿会从母乳或配方奶中获得足够的水分。如果夏季天气炎热,婴儿口唇干燥,可以用棉签或纱布湿润婴儿的嘴唇。喝配方奶的婴儿若出现尿量减少、颜色加深的现象,可能提示配方奶冲调的浓度过高,应寻找并改善冲调的方法。

很多家长总认为在母乳或配方奶之外,给宝宝喂果汁或菜汁是对其健康有利的,然而事实并非如此。大部分果汁含有大量的果糖,口味较甜,婴儿喝了果汁后往往日后很难再喜爱喝白开水;由于糖分较高,易使孩子将来发展为超重和肥胖;过甜的食物对孩子将来的口腔卫生不利。菜汁的加工往往需要把蔬菜煮沸加热,而这样的制作过程中很多维生素被破坏失去了活性,因而菜汁的营养价值并不如人们预想的那么丰富,没有必要专门给婴儿喂菜汁。

第三节 出生后第 3 个月:从婴儿的生长发育观察喂养量

本阶段主要包括两类妈妈:仍在母乳喂养的妈妈与人工喂养(包含混合喂养)的妈妈。主要围绕婴儿母乳喂养或配方奶喂养时需注意的问题。

第 3 个月第 1 周 (出生后第 9 周)

母乳喂养的妈妈:亲爱的妈妈,宝宝满 2 个月了,这个月宝宝俯卧时可以抬胸了。宝宝胃容量渐渐加大,胃排空时间可达 2.5~3 小时,要让宝宝吃奶渐渐形成规律。每日喂 6 次左右,一次吃 20 分钟。但需要注意,请勿听到宝宝哭闹时不加分析就喂奶,这样可能非但没解决真正原因,还可能会喂出一个肥胖儿。孩子哭闹的原因很多,刚喂完奶 1 小时之内的哭闹,一般都不会是因为饥饿。搞清楚哭闹的原因,对因处理才是根本所在。

人工喂养的妈妈:亲爱的妈妈,宝宝满 2 个月了,这个月宝宝俯卧时可以抬胸了。喂奶粉的宝宝要注意补充水分。喂宝宝的奶瓶或器具一定要注意消毒,保证卫生。宝宝自己有调节胃口的能力,不要强迫宝宝每次都喝完奶瓶里的奶。

第 3 个月第 2 周(出生后第 10 周)

母乳喂养的妈妈:亲爱的妈妈,现在还不该给宝宝添加泥糊状食物——米粉、蛋黄、粥等食物。一方面,宝宝消化系统还不能消化这些食物,在缺乏淀粉酶时,碳水化合物类食物可能在肠道发酵,刺激肠道而造成腹泻;另一方面,就算是宝宝消化道能接受这类食物,过多的能量摄入最终会导致肥胖,对宝宝的长期健康产生不利影响。

人工喂养的妈妈:亲爱的妈妈,有些妈妈怕孩子吃不饱,就在奶中加米粉、蛋黄等食物。其实,这仅仅满足了大人的心理,而不利于孩子生长。宝宝现在还不具备消化碳水化合物类食物的能力,勉强地喂米粉类食物,一方面宝宝由于缺乏淀粉酶,碳水化合物类食物难以消化,却可能在肠道发酵,刺激肠道而造成腹泻;另一方面,就算是宝宝消化道能接受这类食物,过多能量的摄入最终会导致肥胖,对宝宝的一生产生不利影响。

第 3 个月第 3 周(出生后第 11 周)

母乳喂养的妈妈与人工喂养的妈妈:亲爱的妈妈,3 个月的宝宝,对奶中蛋白质的吸收会较以前增加,但肝、肾功能相对不足,肝、肾需要适当地"休息"与调整,因而,有可能宝宝进食奶量增加不明显。你可以试着慢慢增加宝宝每天的活动量。只要宝宝身高、体重增长都在正常范围内,不要强迫他吃奶,强迫反而会让宝宝对吃奶恐惧。

第3个月第4周（出生后第12周）

母乳喂养的妈妈：亲爱的妈妈,也许你觉得自己的宝宝没有奶粉喂养的宝宝长得健壮。如果你的宝宝每月体重增加在0.7 kg左右,每天小便6～8次或更多,并且是每次吃饱后表情陶醉并很快入睡。那么,给自己坚持母乳喂养的勇气吧。

人工喂养的妈妈：亲爱的妈妈,不要给宝宝喝鲜牛奶。牛奶是小牛的最好食品,但是对于人来说,它含有太多的矿物质、不适合人类消化吸收的蛋白质及不适当的钙磷比例;牛奶中缺乏铁质,缺乏婴儿大脑发育所必需的不饱和脂肪酸、牛磺酸、维生素E等。最关键的是,许多宝宝对牛奶过敏。配方奶则尽量克服以上缺点,所以建议在宝宝1岁以内要选用配方奶。

第3个月第5周（出生后第13周）

母乳喂养的妈妈和人工喂养的妈妈：亲爱的妈妈,婴儿0～6个月是眼睛发育的关键时期,婴儿双目逐渐能追随物体的移动,对于色彩鲜艳的物体会注视半分钟以上,手、眼协调能力不断加强,可以伸手去够眼前的玩具。婴儿眼睛的生长发育需要摄取相关的营养素,如维生素A,可以帮助婴儿在黑暗的环境中看清周围;牛磺酸,维持正常视力的光化学反应;叶黄素,帮助眼睛健康发育。这些营养素母乳中都可以获得,所以一定要坚持母乳喂养哦。由于婴儿自身不能合成叶黄素,如果喂配方奶粉,需注意选择添加了叶黄素的婴儿配方奶粉。

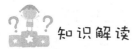 **知识解读**

身长和体重等生长发育指标反映了婴儿的营养状况,定期健康检查能及时发现孩子在生长发育过程中出现的问题,如体重增长过慢、过快,孩子有无佝偻病、贫血、营养不良等营养性疾病,是否存在先天性疾病,智力和行为发育是否正常等。这也是家长们在育儿过程中需要重视的方面。定期的健康检查可以帮助父母更好地了解婴儿的生长发育速度是否处于正常范围,也可以及时提醒父母去注意适宜的婴儿喂养方法。目前,我国建议儿童体检:1岁内至少4次体检,1～2岁每半年体检1次,3岁后每年体检1次。需要提醒父母注意的是,孩子的生长有其个体特点,生长速度有快有慢,只要孩子的生长发育在正常范围内就不必担心。对于大多数儿童的体格测量结果,可参考各地区或中国0～7岁儿童身长/身高/体重标准,或世界卫生组织发布的0～5岁儿童身长/身高/体重增长参考曲线。

1. 身长(高)的增长估算

● 足月出生的婴儿平均身长50 cm,第一年大约增长25 cm,因此1岁的幼儿身长大约是75 cm。

● 1～2岁身长全年增加10～12 cm。

● 2岁后至青春期前每年增长速度较平稳,一般为5～7 cm。2～12岁身高估计公式为:

身高(cm)=年龄×7+77 cm

2. 体重的增长估算

● 大多数婴儿的出生体重在2 500～4 000 g,出生后1周内体重会出现生理性下降,但下降的范围不会超过出生体重的10%,而且在出生 1 周之后就会恢复到出生时的体重。

● 从出生到 6 个月,婴儿体重增加较快,一般前 3 个月每月增加 1 kg,后 3 个月每月增加 0.5 kg。7～12 个月婴儿体重增加速度放缓,每月增加 0.25～0.3 kg。体重的估计公式为:

1～6 个月时体重(kg)＝出生体重(或 3 kg)＋月龄×0.6(kg)

7～12 个月时体重(kg)＝出生体重(或 3 kg)＋月龄×0.5(kg)

1～2 岁体重(kg)＝9＋(月龄－12)×0.25(kg)

2～10 岁体重(kg)＝年龄×2(kg)＋7(或 8)(kg)

当然,由于生理、基因遗传和自身发展状况,每个幼儿都有所差异。

 第四节 出生后第 4 个月: 哺乳妈妈的饮食注意事项

本阶段核心的知识为继续鼓励纯母乳喂养,提供母乳指导;同时预防过早添加辅食。本阶段的知识库,有的针对母乳喂养的妈妈,有的适合人工喂养的妈妈。由于我国许多地区产后休养的时间为 4～5 个月,许多妈妈在休完 4 个月产假后开始返回工作岗位,因此本阶段提前为不久将恢复上班继续母乳喂养的妈妈提供素养支持。

第 4 个月第 1 周 (出生后第 14 周)

母乳喂养的妈妈:亲爱的妈妈,宝宝现在满 3 个月了,进入第 4 个月,请切记在宝宝满 6 个月前不要给予奶类以外的任何食物。当母亲不小心感冒时,在接触宝宝时需注意避免传染,妈妈应尽量避免直接面对婴儿讲话,或面对面的口、鼻呼吸,妈妈抱宝宝时需戴上口罩。当妈妈感冒比较严重需服用抗生素等药物时应暂停哺乳,宝宝可以暂时喝配方奶粉。但妈妈请每隔 6 小时左右挤奶一次,以保证乳汁的分泌,待病情好转后可以继续母乳喂养。

人工喂养的妈妈：亲爱的妈妈,宝宝现在满 3 个月了,进入第 4 个月,请切记在宝宝满 6 个月前不要添加奶类以外的任何食物。当母亲不小心感冒后,在接触宝宝时需注意避免传染,妈妈应尽量避免直接面对婴儿讲话,或面对面的口、鼻呼吸,妈妈抱宝宝时需戴上口罩。

不久恢复上班母乳喂养的妈妈：亲爱的妈妈,快要上班了,是否还可以继续母乳喂养宝宝呢? 怎么喂? 在考虑和做决定前,一定要先问问自己是否有让孩子获得最好营养的意愿,是否有让其体格发育和智力发育都达到最佳的意愿。如果有,那答案就在眼前——坚持母乳喂养。

第 4 个月第 2 周（出生后第 15 周）

母乳喂养的妈妈：亲爱的妈妈,哺乳的妈妈有一些食物是需要尽量避免的,如油炸类食物。通常这类油炸食品蛋白质和营养素含量低,即使含有营养素,在油炸等烹饪过程中已基本损失,吃了只会增加体重,益处很少。随着宝宝夜间睡眠时间延长,白天睡眠时间减少,白天进食量的增加,大部分的婴儿在满 3 月龄后,在夜间自动醒来喝奶的次数明显减少。

人工喂养的妈妈：亲爱的妈妈,有些宝宝食欲好,只要宝宝想吃,妈妈就高高兴兴地去满足他。虽然按需喂养是原则,但妈妈也要注意是否存在过度喂养的现象。过长时间过量喂奶必然造成孩子超重、肥胖的风险增加,脏器不堪重负,最终影响健康。妈妈应该掌握婴儿一天牛奶的需要量,一般在 900~1 000 ml。每日喂奶的需要量 5~6 次,食量小的每次约需要 140 ml,食量大的每次约需 180 ml,最多一次不宜超过 200 ml。

不久恢复上班母乳喂养的妈妈：亲爱的妈妈,你知道上班后如何坚持母乳喂养吗？你可以在产假结束之前开始储存一些母乳,存放在冰箱冷冻室里。上班时坚持定时挤奶,储存在干净的容器中,并及时储藏于冰箱,下班带回家留作宝宝第二天的口粮。上班前、下班后、夜间、周末都可以直接哺喂母乳。只要妈妈有信心,掌握适当的方法,事业和宝宝是可以兼顾的。

第4个月第3周（出生后第16周）

所有的妈妈：亲爱的妈妈,你知道吗？婴儿的生长发育还离不开一种重要的营养物质——DHA（学名二十二碳六烯酸,俗称"脑黄金"）,它是人体一种重要的不饱和脂肪酸,是婴儿脑与智力发育的必要元素,在促进智力、头脑的敏锐度方面发挥重要作用；此外,DHA与视网膜发育也密切相关,与眼睛感光功能和视力成熟密切相关。

母乳喂养的妈妈：需注意摄入一些富含DHA的食物,如深海藻类、深海高脂肪鱼类（如三文鱼、金枪鱼、凤尾鱼等）、家禽、蛋类、干果类,以确保乳汁中含有足够的DHA。

人工喂养的妈妈：如果宝宝喝配方奶,妈妈请注意选择添加DHA的奶粉。

第4个月第4周（出生后第17周）

所有的妈妈：亲爱的妈妈,你有没有注意观察过宝宝的粪便？通过对婴儿粪便的气味、颜色的观察,可以衡量宝宝的健康状况。

母乳喂养的妈妈：母乳喂养的宝宝发生便秘可能与妈妈的饮食有关,妈妈应该调节一下饮食结构,多食清淡食物,多吃蔬菜、纤维素含量高的水果以及易消化的食物。妈妈应避免吃辛辣食物,可能会引起婴儿胃肠道刺激。哺乳期妈妈应避免吃容易导致婴儿过敏的食物,例如海鲜等。

人工喂养的妈妈：喝配方奶粉的婴儿容易出现便秘。如果婴儿便秘比较严重，粪便体内积聚时间过长，应在医生指导下尝试使用小儿开塞露等药物。由于此药对小儿有刺激性，建议不要常用。在第 6 个月添加辅食后，便秘的情况大多会有所改善。

不久恢复上班母乳喂养的妈妈：亲爱的妈妈，对于职业女性来说，要做好母乳喂养，最重要的是有信心和决心。有信心后，什么障碍都可以克服。怎样预防上班后奶水减少呢？维持奶量的最好办法是增加挤奶的次数，如果妈妈在离开宝宝的时间内能做到每 3 个小时挤一次奶，或者 8~10 个小时挤 3 次奶，总体奶量会保持不变。应该让宝宝在妈妈上班前学会吃奶瓶，你可以在上班的 1~2 周前，让宝宝尝试使用奶瓶，逐渐适应。否则有的宝宝比较敏感，一旦妈妈上班，拒绝奶瓶，会影响宝宝的生长发育。

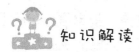 **知识解读**

为了保证母亲营养摄入与体重的平衡，有一些食物需要尽量避免。油炸类食物通常含有较高的热量，如薯片、油馓子等，通常这类油炸食品蛋白质和营养素含量低，即使含有营养素，在油炸等烹饪过程中已基本损失，吃了只会增加体重，益处很少。其次，妈妈应避免吃辛辣食物，辛辣食物的成分会通过乳汁传输给婴儿，可能会引起婴儿胃肠道刺激。此外，哺乳期妈妈应避免吃容易导致婴儿过敏的食物，如海鲜等，这类食物成分也可通过乳汁进入婴儿体内，引起不适。

妈妈应该注意进食含有婴儿 0~6 个月期间生长发育所必须的营养素食物，例如参与脑发育、视网膜功能发育重要的营养物质——DHA。它是一种重要的不饱和脂肪酸，可促进智力发育，同时促进眼睛感光功能和视力的成熟。母乳喂养的妈妈需注意摄入一些富含DHA的食物,如深海藻类、深海高脂肪鱼类(如三文鱼、金枪鱼、凤尾鱼等)、家禽、蛋类、干果类,以确保乳汁中含有足够的DHA。

0～6个月是婴儿一生中大脑发育最快的时期,中枢神经系统不断发育,所需的营养素也种类繁多。锌是促进婴儿智力发育、保持记忆力和学习能力所必需的营养素;铁具有神经递质的功能,有助于提高婴儿的认知和学习能力,缺乏铁会导致贫血。维生素B_{12}对于提高婴儿的记忆力与注意力很重要;α-乳清蛋白促进神经系统发育。由于母乳中铁元素较为缺乏,纯母乳喂养的孩子相对来说容易发生缺铁性贫血。因而按时进行儿童健康检查非常重要,一旦出现经医生诊断的缺铁性贫血,则需按医嘱进行纠正。

很多妈妈在产后4个月就要恢复工作,与宝宝较长时间的分离与工作给妈妈带来的压力,对于母乳喂养来说是不小的挑战。如何坚持在上班后仍然进行母乳喂养? 需要妈妈对于母乳喂养有坚定信念。同时,妈妈在恢复上班前应学会熟练地挤奶,准备好母乳储存的工具。每天在上班前准备好储存的母乳供宝宝白天食用,下班回到家后应坚持亲喂母乳。有些宝宝对于奶头转换成奶瓶比较敏感,当妈妈离开的最初数天会由于不适应而拒绝奶瓶进食。为了避免对宝宝生长发育产生不良影响,建议一直母乳亲喂的妈妈在上班前的1～2周,让宝宝尝试使用奶瓶,逐渐适应。

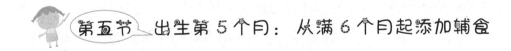
第五节　出生第5个月：从满6个月起添加辅食

本阶段核心的知识为继续鼓励纯母乳喂养,提供母乳指导;同时预防过早添加辅食,提前灌输下一阶段即从满 6 个月开始母乳喂养与添加辅食的相关知识与方法。本阶段的知识库内容,有的针对母乳喂养的妈妈,有的适合人工喂养的妈妈,有的适合准备或已经上班的母乳喂养妈妈,有的则适合所有妈妈。

第 5 个月第 1 周（出生后第 18 周）

所有的妈妈：亲爱的妈妈,祝贺宝宝进入第 5 个月。现在还不能添加宝宝辅食哦,奶类仍然是宝宝最为理想的食物。但是从现在起我们为你逐渐介绍满 6 月龄后的婴儿添加辅食的要点,为你做好知识储备。妈妈要记住辅食添加的原则：奶类优先,继续母乳喂养;及时合理添加辅食;尝试多种多样的食物,膳食少糖、无盐、不加调味品;逐渐让婴儿自己进食,培养良好的进食能力;定期检测生长发育情况;注意饮食卫生。

不久恢复上班或已上班的母乳喂养妈妈：亲爱的妈妈,虽然你为了孩子能喝口母乳而辛苦着,但你肯定不是唯一这样做的妈妈。尽力与你孩子的父亲、祖父母、外祖父母,或保姆(若有)一起讨论坚持母乳喂养的必要性,赢得大家对你上班与哺乳两不误的支持！家庭母乳喂养的支持对于妈妈持续母乳喂养是很重要的。

第 5 个月第 2 周（出生后第 19 周）

母乳喂养的妈妈：亲爱的妈妈,现在你的宝宝仍然应该坚持以奶类为唯一食物来源,不要尝试添加辅食。即使是宝宝到了 6～12 月龄,母乳仍是婴儿的首选食品,奶类营养需要的主要来源,建议每天应首先保证 600～800 ml 的奶量,以保证婴儿正常体格和智力发育。建议 6～12 月龄的婴儿继续母乳喂养。乳母如不能满足婴儿需要时,可使用较大婴儿配方奶予以补充。

人工喂养的妈妈：亲爱的妈妈，现在你的宝宝仍然应该坚持以奶类为唯一食物来源，不要尝试添加辅食。即使是宝宝到了 6～12 月龄，奶类仍是婴儿的首选食品。6 个月后的婴儿建议每天应首先保证 600～800 ml 的奶量，以保证婴儿正常体格和智力发育。所以，建议6～12 月龄的婴儿使用较大婴儿的配方奶继续喂养，同时添加辅食。

不久恢复上班或已上班的母乳喂养妈妈：亲爱的妈妈，上班又要兼顾母乳喂养确实是不容易的，社会对于母乳喂养的支持很重要。主动地、积极地去发现环境中有利于母乳喂养的因素，将有助于妈妈成功地持续母乳喂养。寻找你身边与你一样，在上班的同时仍然坚持母乳喂养的同事、朋友、亲戚，一起探讨经验与感受，争取获得周围人对母乳喂养的支持。为了宝宝的健康，一切努力都是值得的。

第 5 个月第 3 周（出生后第 20 周）

所有的妈妈：亲爱的妈妈，现在你的宝宝仍然应该坚持以奶类为唯一食物来源，过早添加辅食会导致宝宝未来发生超重或肥胖的风险增高。等到 6 个月后，给宝宝添加辅食要从富含铁的泥糊状食物开始，逐渐添加达到食物多样。每次添加一种新食物，由少到多、由稀到稠循序渐进；逐渐增加辅食种类，由泥糊状食物逐渐过渡到固体食物。建议从 6 月龄时开始添加泥糊状食物；7～9 月龄时，可由泥糊状食物逐渐过渡到可咀嚼的软固体食物；10～12 月龄时，大多数婴儿可逐渐转为以固体食物为主的膳食。

不久恢复上班或已上班的母乳喂养妈妈：亲爱的妈妈，当你恢复上班后，请记住成功母乳喂养的关键是保持乳汁的持续分泌。如果你的工作场所条件良好，有干净、隐秘的挤奶空间，有储存乳汁的冰箱；或正好你宝宝有条件到工作场所来吃奶，那么请每 3 小时左右哺乳或挤奶 1 次。挤奶时将奶挤入干净的器皿中，挤完后及时放入冰箱。如果工作场所的条件不理想,没有安全、卫生的空间挤奶,或挤出的奶无处储藏。请记得每 3 小时尽量挤掉 1 次奶,保持乳汁的正常分泌。

第 5 个月第 4 周（出生后第 21 周）

所有的妈妈: 亲爱的妈妈,现在你的宝宝还未到添加辅食的时候,仍然应该坚持以奶类为唯一食物来源。在等到宝宝满 6 个月后,添加辅食从单一食物开始非常重要。如果宝宝在吃过一种食物后两分钟至两小时内身体出现过敏反应,就要停止添加这种食物。如果出现更加严重的呕吐、面部肿胀、呼吸困难等问题,就要及时就医。但宝宝对食物的过敏反应可能并非永久性,有的宝宝长大后,这些过敏就会消失。

已上班的母乳喂养妈妈: 亲爱的妈妈,当你遇到任何困难或因素阻碍母乳喂养时,请记得利用身边一切资源想办法解决,你可以问一下有过相同经历的过来人是怎么渡过难关的;你也可以利用网络资源看看大家分享的经验。同伴间的鼓励、支持和经验交流可以增加你持续母乳喂养的信心和自我效能,为自己增加一些正能量,一切为了宝宝的健康,加油!

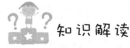 知识解读

3 岁前合理的营养供给对于婴幼儿脑和智力的发育非常重要。婴儿期是大脑生长发育速度最快的时期。出生 6 个月后脑的重量已经是出生时的 1 倍,达到 600～700 g,2 岁时达到 900～1 200 g,7 岁时已接近成人的大脑重量。脑神经细胞的分化在 3 岁时已基本完成,所以 3 岁前是脑细胞数量的关键增长期。3 岁以后脑细胞的数量不再显著增多,主要是脑细胞的重量和体积的增大或形态结构的变化。而母乳是婴儿 6 个月前的最理想食物,可以确保该阶段婴儿生长发育

所需的营养物质,坚持母乳喂养的意义不言而喻。

宝宝即将进入6～12月龄婴儿阶段,这阶段是指宝宝满6月龄到满12月龄的阶段,也称为较大婴儿阶段。此阶段宝宝的喂养将发生较大的变化,纯母乳喂养的宝宝将初次体验母乳外的其他食品,混合喂养与人工喂养的宝宝也将从此喝配方奶转变为配方奶加辅食。此阶段婴儿喂养应掌握的主要原则如下。

1. 奶类优先,继续母乳喂养

奶类应是6～12月龄婴儿所需营养的主要来源,建议每天应首先保证600～800 ml的奶量,以保证婴儿正常体格和智力发育。母乳仍是婴儿的首选食品,建议6～12月龄的婴儿继续母乳喂养。母乳如不能满足婴儿需要时,可使用较大婴儿配方奶予以补充。对于不能进行母乳喂养的6～12月婴儿,也建议选择较大婴儿配方奶。

由于普通鲜奶、蛋白粉等的蛋白质和矿物质含量远高于母乳,会增加婴儿的肾脏负担,故6～12月龄的婴儿不宜直接喂普通液态奶或蛋白粉。没有母乳的情况下,应喂食婴儿配方奶粉。

2. 及时合理添加辅食

从6个月开始,需要逐渐给婴儿补充一些非乳类食品,包括果蔬汁等液体食物,米粉、果泥、菜泥等泥糊状食物以及软饭、烂面,切成小块的水果、蔬菜等固体食物,这一类食物被称为辅助食品,简称辅食。添加辅食的顺序为:首先添加谷类食物(如强化铁米粉),其次为蔬菜汁(蔬菜泥)和水果泥,然后为添加动物性食物(如剔净骨和刺的鱼泥,禽、畜肉泥/松,蛋羹等)。建议动物性食物添加的顺序为:肉泥、鱼泥、全蛋(如蒸蛋羹)。

辅食添加的原则:每次添加一种新食物,由少到多、由稀到稠循序渐进;逐渐增加辅食种类,由泥糊状食物逐渐过渡到固体食物。建议从

6 月龄时开始添加泥糊状食物(如鱼泥、米糊、菜泥、果泥、蛋黄泥等);
7～9 月龄时,可由泥糊状食物逐渐过渡到可咀嚼的软固体食物(如肉末、全蛋、烂面、碎菜);10～12 月龄时,大多数婴儿可逐渐转为以固体食物为主的膳食。

第六节　出生第 6 个月：添加辅食的要点

本阶段核心的知识为继续鼓励纯母乳喂养,提供母乳喂养指导;同时预防过早添加辅食,提前灌输下一阶段即从满 6 个月开始母乳喂养与添加辅食相结合的知识与方法。本阶段的知识库内容,有的针对母乳喂养的妈妈,有的适合人工喂养的妈妈,有的适合准备或已经上班的母乳喂养妈妈,有的则适合所有妈妈。

第 6 个月第 1 周 （出生后第 22 周）

所有的妈妈:亲爱的妈妈,祝贺宝宝进入第 6 个月。到这个月结束,宝宝就进入人生的新阶段,可以添加辅食了!婴儿从满 6 月龄时,可以开始尝试谷类、蔬菜水果、动物性食物。婴儿从逐渐开始尝试和熟悉多种多样的食物,逐渐过渡到除奶类外由其他食物组成的单独餐。记住宝宝的膳食少糖、无(少)盐、不需加任何调味品。

第 6 个月第 2 周 （出生后第 23 周）

所有的妈妈:亲爱的妈妈,还有 2 周多的时间宝宝就要添加辅食啦。宝宝在 6～12 个月期间,随着月龄的增加,可以增加食物品种和数量,同时可逐渐增加到每天三餐(不包括奶类进餐次数)。制作辅食时应尽可能少糖、不放盐、不加调味品,但可添加少量食用油。不要觉得宝宝可以吃辅食了就不用吃奶了。你不必因为辅食的增加或对母乳营养的质疑而动摇信心,世界卫生组织推荐所有的宝宝喂养到两岁呢。

第6个月第3周(出生后第24周)

所有的妈妈: 亲爱的妈妈,还有1周左右的时间宝宝就要添加辅食啦,你准备好了吗? 不要将辅食与婴儿配方奶混合后放在奶瓶里,并使用十字大孔的奶嘴来喂。宝宝需要学习食物的味道和食物放在他们嘴里的感觉,并练习咀嚼,这样对出牙也有好处。开始时,对于不太爱吃泥糊状食物的宝宝可先吃泥糊状食物后再喂奶;而对于特别爱吃泥糊状食物的宝宝,可先喂奶后再喂泥糊状食物。

第6个月第4周(出生后第25周)

所有的妈妈: 亲爱的妈妈,你的宝宝下周将满6个月,将进入人生新阶段——开始添加辅食,你是不是觉得很期待呢? 满6个月的宝宝建议用小勺给婴儿喂食物,对于7~8月龄的婴儿应允许其自己用手握或抓食物吃,到10~12月龄时鼓励婴儿自己用勺进食,这样可以锻炼婴儿手眼协调功能,促进精细动作的发育。身长和体重等生长发育可以反映婴儿的营养状况及辅食接受程度,因此仍要按时进行健康体检。

知识解读

宝宝进入6~12月龄的较大婴儿阶段后,除继续母乳喂养外,需循序渐进地添加各种辅食,将是此阶段父母与养育者的重要任务。按照中国营养学会妇幼分会的推荐,此阶段宝宝辅食添加尤其需注意以下4点。

1. **尝试多种多样的食物,膳食少糖、无盐、不加调味品**

婴儿从满 6 月龄时,每餐的安排可逐渐开始尝试搭配谷类、蔬菜、动物性食物,每天应安排有水果。应让婴儿逐渐开始尝试和熟悉多种多样的食物,可逐渐过渡到除奶类外由其他食物组成的单独餐。随着月龄的增加,也应根据婴儿需要,增加食物品种和数量,调整进餐次数,可逐渐增加到每天三餐(不包括奶类进餐次数)。限制果汁的摄入量或避免提供低营养价值的饮料,以免影响进食量。制作辅食时应尽可能少糖、不放盐、不加调味品,但可添加少量食用油。给婴儿添加辅食时也要考虑食物的能量密度。如果添加辅食时经常使用能量密度低的食物(汤面、稀粥、汤饭、米粉),或摄入液量过多,摄入的能量不足,会影响宝宝的生长发育。

2. **逐渐让婴儿自己进食,培养良好的进食能力**

建议用小勺给婴儿喂食物,对于 7~8 月龄的婴儿应允许其自己用手握或抓食物吃,到 10~12 月龄时鼓励婴儿自己用勺进食,这样可以锻炼婴儿手眼协调功能,促进精细动作的发育。

3. **定期检测生长发育情况**

身长和体重等生长发育指标反映了婴儿的营养状况,对 6~12 月龄婴儿仍应每个月进行定期测量。

4. **注意饮食卫生**

膳食制作和进餐环境要卫生,餐具要彻底清洗消毒,食物应合理储存以防腐败变质,严把"病从口入"关,预防食物中毒。给婴儿的辅食应现做现食,剩下的食物不宜存放,要弃掉。

(蒋 泓 李 沐 杨东玲 王 芳)

参考文献

1. 中国营养学会妇幼分会. 中国孕期、哺乳期妇女和 0～6 岁儿童膳食指南. 北京：人民卫生出版社,2010.
2. 蒋竞雄,赵丽云. 婴幼儿营养与体格生长促进. 北京：人民卫生出版社,2014.
3. 杨国军. 中国 0～6 岁儿童膳食指南. 北京：中国妇女出版社,2017.
4. 中华医学会儿科学分会儿童保健组,中华医学会围产医学分会,中国营养学会妇幼营养分会,等. 母乳喂养促进策略指南(2018 版). 中华儿科杂志,2018,56(4)：261－266.

第五章

出生第 7～12 个月婴儿的合理喂养

　　本阶段内容的重点是强调持续母乳喂养,辅食添加的方法和技能,婴儿喂养的技巧和注意点。核心知识点包括:继续鼓励母乳喂养,鼓励有条件的妈妈可以持续母乳喂养至 2 岁;同时指导并帮助建立适宜的婴儿喂养行为,避免不当的婴儿喂养习惯;提醒母亲与家庭其他成员,包括孩子父亲、祖父母、外祖父母分享并传播合理的婴儿喂养行为。该阶段内容侧重于不同月龄婴儿喂食的量和种类,尤其注意供给适宜的动物性食品、充足的蔬菜,并增加蔬菜和水果的种类。鼓励与其他妈妈交流喂养孩子的经验。为了鼓励仍在母乳喂养的母亲,每月增设一条信息,支持持续母乳喂养的母亲。

　　对于 7～24 月龄婴幼儿,中国营养学会建议:"母乳仍然是重要的营养来源,但是单一的母乳喂养已经不能完全满足婴儿对能量以及营养素的需求,必须引入其他营养丰富的食物"。这也是婴幼儿生长发育内在的需要,因为 7～24 月龄婴幼儿胃肠道等消化系统能力提高,感知觉和认知行为能力的发育也必须通过接触、感受和尝试不同的食物,逐步体验和适应食物的多样化,渐渐从被动接受转变为自主进食。父母及养育者的喂养行为对于 7～24 月龄婴幼儿的营养获取、饮食行为和生长发育有着重要的影响。

第一节 出生第7个月：逐步添加辅食种类

第7个月第1周

亲爱的妈妈，恭喜你的宝宝已经满半岁了。宝宝已经能单独坐稳，还能自己从俯卧位坐起。现在开始，宝宝需要添加辅食啦，但切记：每天仍需喂奶3~4次，全天总量在600~800 ml，外加两顿辅食。7~9个月给宝宝添加辅食时应逐渐改变食物的质感和分量，逐渐从泥状食品向固体食物过渡，以配合孩子获得进食技巧，并促进胃肠发育，使辅食添加逐渐取代一顿奶而成为独立的一餐，同时锻炼宝宝的咀嚼能力。

第7个月第2周

亲爱的妈妈，添加辅食需从富铁泥糊状食物开始，逐步添加新食物，慢慢达到多样化。7~9个月可以添加的辅食有：泥糊状食物，如鱼泥、肉末、粥、烂面、小馄饨等，以促进牙齿的生长并锻炼咀嚼吞咽能力；有些食物可让宝宝自己拿着吃，如饼干，以锻炼手的技能。同时，可以考虑搭配一定比例的杂粮，例如可让宝宝吃一些玉米面、小米等杂粮做的粥，因为杂粮中B族维生素含量较高，有益于宝宝的健康成长。要注意增加动物性食物的量和品种，例如可增添肉松、肉末，逐渐到添加整只蛋。

第7个月第3周

亲爱的妈妈，当添加某种新的辅食后，或改变食物的性状质感时，要注意观察孩子的身体反应，例如，皮肤是否出疹，是否发生腹泻，睡眠情况如何，精神状况是否有变化。如果添加一种新的食物2~3天后孩子情况良好，则意味着孩子可以接受新食物。如果出现腹泻，可能是孩子对添加的新食物或食物质感的改变还不能接受，发生了消化不良，需要停止添加此食物。如果大便中带有未消化的食物,需要降低食物的摄入量或将食物做得更细小一些。

第 7 个月第 4 周

所有的妈妈: 亲爱的妈妈,您已经给宝宝尝试过几种食物了呢?请妈妈同时注意,7 个月是宝宝改用水杯喝水的黄金时间,从现在起就可以让宝宝开始接触并熟悉杯子。选择的杯子要小、轻,不怕摔碎,杯子两边有把手让孩子用双手可以握住杯子。每次只往杯中倒少量水,避免宝宝拿不稳杯子时,水洒到身上。让宝宝学会用杯子喝水是培养自我控制食量的重要方式。

仍然母乳喂养的妈妈: 宝宝长得越来越大了,虽然他已经开始添加辅食,但是母乳对他来说还是最需要的食品,请妈妈为了宝宝和你自己的健康,坚持母乳喂养。母乳喂养的同时,需要在常规体格监测时注意孩子是否缺铁或缺锌。如果缺乏,需要注意喂食强化铁和锌的食物。

知识解读

当婴儿满 6 个月后,胃肠道等消化系统相对于前几个月发育较为完善,已具备消化母乳以外的多样化食物的能力。婴儿的口腔运动功能,味觉、嗅觉、触觉等感知觉,以及心理行为等各方面均已做好准备,可以接受新的食物。因此 7～24 月龄婴幼儿添加辅食,不仅为了满足婴儿的营养需求,也是为了满足心理需求,促进婴儿感知觉、心理认知和行为能力发育。

7～24 月龄婴幼儿喂养需要遵循的原则如下(摘自中国营养学会,2016):

- 继续母乳喂养,满 6 月龄起添加辅食;

- 从富含铁的泥糊状食物开始,逐步添加达到食物多样;
- 提倡顺应喂养,鼓励但不强迫进食;
- 辅食不加调味品,尽量减少糖和盐的摄入;
- 注重饮食卫生和进食安全;
- 定期监测体格指标,追求健康生长。

母乳仍然可以为 6 月龄后的婴幼儿提供部分能量,优质蛋白质、钙等重要营养素,以及各种免疫保护因子等。继续母乳喂养仍然有益于促进母子间的亲密连接,促进婴幼儿感知觉、心理认知和行为发育。在尽可能的情况下,应该继续为 7～24 月龄婴幼儿提供母乳喂养。当无法进行母乳喂养时,则需要以配方奶作为母乳的替代品。

宝宝满 6 个月后最初的 1 个月(也就是 6～7 个月)开始添加辅食时宜先添加强化铁的米粉,然后添加肉泥等食物。肉类和鱼类是宝宝添加辅食较为理想的动物食物类型。肉类铁元素含量相对较高,较易吸收,及时添加肉类有助于预防或纠正宝宝贫血。因此,宝宝最初添加辅食时,应该注意动物性食物的及时添加。鱼类蛋白质含量高,肌纤维短,组织质地柔软、细嫩,易消化。

对于母乳喂养的 6～9 个月婴儿,由于母乳中铁与锌含量相对不足,因而在常规体检时需要关注婴儿是否缺铁或缺锌,可以喂食强化铁和锌的麦片等辅食。

关键点:
- 婴儿满 6 月龄后仍需继续母乳喂养,并逐渐引入各种食物;
- 辅食是指除母乳和(或)配方奶以外的其他各种性状的食物;
- 有特殊需要时须在医生的指导下调整辅食添加时间;
- 不能母乳喂养或母乳不足的婴幼儿,应选择配方奶作为母乳的补充。

婴儿食物的制备与保存过程需确保食物、食具、水的清洁与卫生。在准备食物、喂食前孩子和喂养者都应洗手。给孩子喂新鲜的食物。用干净的餐具准备并盛放食物,用干净的碗、勺和杯子喂食。保证食物和器皿远离苍蝇和蟑螂。食物制作后应尽快食用,避免放置时间过长。婴儿吃剩的任何食物应及时处理。肉类、鱼类、海鲜、家禽、蛋类烹制时应保证煮熟。食物加热应彻底,固体食物应加热到食物的中心,液体食物应彻底煮沸。

第二节 出生第 8 个月:耐心帮助宝宝尝试并接受新食物

第 8 个月第 1 周

亲爱的妈妈,现在宝宝已经可以坐得很稳,坐时可以左右、前后自由转身;宝宝能腹部着地爬行或用手和膝爬行。现在宝宝大多都已出牙了,这时给宝宝软面包或脆饼干可训练他的咀嚼能力。在出牙期间,乳类、排骨、蔬菜、水果是不可缺少的食物。妈妈们不要把买的补钙保健品当成宝贝,食物中的营养不比保健品中的营养差,宝宝最适合通过食物补钙。由于水果往往口味比较甜,婴儿更容易喜欢,一旦适应了甜口味后,就很难对蔬菜产生兴趣,因此,建议先加蔬菜,再加水果。

第 8 个月第 2 周

婴儿在首次尝试某种新的食物时,一般经过舔、勉强接受、吐出、再喂、吞咽等步骤,反复 5~15 次,经过数天才能接受新食物,享受新的食物带来的乐趣。这其实是恐新的表现,是婴儿的一种基本防护本能,是其同环境建立初步关系时的适应性表现。家长在遇到孩子拒绝某种食物后,视为对食物的不喜欢,不再尝试喂食,这其实是剥夺了孩子接受、享受食品的机会。7～8个月以后的婴儿味觉逐渐发育,因而制备辅食时需进一步调整食物色、香、味、形,努力诱发宝宝的食欲。

第8个月第3周

亲爱的妈妈,不要给宝宝辅食喂得过饱。宝宝在1岁以内,营养摄入的来源主要是奶类。如果喂的辅食过多,宝宝可能会自动减少奶量的摄入。可以把苹果、梨、水蜜桃等水果切成薄片,让宝宝拿着吃。香蕉、葡萄、橘子可整个让宝宝拿着吃。需注意,果冻、花生米等食品不要给孩子吃,以防吸入气管或噎住造成危险。记得鼓励宝宝自己拿杯子喝水。

第8个月第4周

亲爱的妈妈,8个月以上的婴儿建议每天都进食肉与蛋,并摄入少量的油脂。建议每周吃1～2次动物肝脏或动物血;进食1～2次鱼虾或鸡鸭;进食3～4次红肉(包括猪肉、牛肉、羊肉等)。每天吃肉的量为30～50 g,以保证婴儿生长发育所需的优质蛋白质和矿物质。红肉类可以提供丰富的铁元素,且易吸收,防止发生缺铁性贫血。

第8个月第5周

所有的妈妈:亲爱的妈妈,很多家长,特别是老人,总怕有些食物宝宝嚼不烂,而把食物自己嚼过以后再给宝宝吃。这样的做法是极不可取的。在成人的口腔中存在着很多牙菌斑,而牙菌斑上附着很多细菌,即使是刷牙,也不能把细菌全清除掉。这些会混在食物中从成人口中进入宝宝口腔,造成细菌的交叉感染。因此,切记不要让宝宝食入经成人嚼过的食物。

仍然母乳喂养的妈妈：虽然宝宝可以吃越来越多的食物品种，但是母乳对宝宝来说仍然是不可替代的最佳食品，喂母乳的同时也可以帮助妈妈恢复体重。请妈妈为了宝宝和你自己的健康，坚持母乳喂养，世界卫生组织建议所有妈妈母乳喂养至宝宝 2 岁或更长时间。

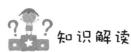 知识解读

添加辅食时，不同的食物要逐渐适应，值得注意的是从营养角度来看，进食蔬菜或水果泥的次序并不重要。由于水果往往口味比较甜，婴儿更容易喜欢上，而一旦适应了甜口味后，就很难对蔬菜产生兴趣，因此建议先加蔬菜再加水果。

每次添加新的食物后，要注意观察孩子的身体反应，例如，皮肤是否出疹、是否发生腹泻、睡眠情况如何、精神状况是否有变化。如果添加一种新的食物 2～3 天后孩子情况良好，则意味着孩子可以接受新食物，可以添加其他新的食物。如果孩子不爱吃新添加的食物，不要气馁，可以让孩子反复尝试，或改变烹饪的方法，让孩子逐渐接受新食物。

要设法让婴儿在未满 1 岁前尝试和喜欢各种食物，这样才能避免产生挑食、偏食、拒食等不良进食习惯。如果孩子偏食、挑食，可以尝试把不同的食物混在一起烹饪，或改变食物的性状。也可以通过逐渐改变喜欢的食物与不喜欢食物的比例，让孩子感觉不出明显的变化，循序渐进。应该允许孩子有某种食物偏好，但不要强迫孩子进食任何食物。

宝宝满 7 个月(也就是 7～9 个月期间)后，可以开始添加末状食物。此月龄的婴儿已经能进食肉末、鱼肉末、肝末等食物了，不少妈妈特别是带孩子的祖辈们，仍然只给孩子喝汤，不给他们吃肉，怕孩子还小，牙没几颗，咬不动。其实，这是低估了孩子的消化能力，汤的营养成

分远不如肉。吃食物既能确保营养物质的摄入,又可充分锻炼宝宝的咀嚼和消化能力,并促进乳牙的萌出。

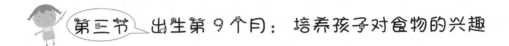

第三节 出生第9个月:培养孩子对食物的兴趣

第9个月第1周

亲爱的妈妈,现在的宝宝已经能从卧位坐起来,能灵活地拉着东西自己站起来,发育快的宝宝还能扶着栏杆在小床或围栏里来回走。宝宝已经能用拇指和食指捡起小的东西了,无论捡起的东西是否能吃,宝宝都会放在嘴里尝尝,父母应该利用这个机会,给宝宝准备种类丰富的食物,让他们用手或勺尝试,不仅锻炼宝宝手眼协调,还增加宝宝对食物的兴趣。如果孩子喜欢用手捏食物吃,不要阻止,这样会让孩子体会到吃饭的乐趣。

第9个月第2周

亲爱的妈妈,你的宝宝已经开始吃肉末等食物了吗? 现在可以开始给婴儿尝试喂些较为粗糙的食物,如馒头、肉末和磨牙棒等,婴儿通过咀嚼训练,可以锻炼控制舌头的能力和口腔肌肉运动的能力,为将来的语言发育打下基础。宝宝现在对周围的食物会很好奇。看到父母吃饭时,他是否也会吧嗒着嘴唇,伸出双手,表现出很有兴趣的模样? 这时,父母可以抓住时机试着给他喂些适合婴儿的食物。量不要太多,同时也记住观察宝宝是否存在不良反应,不可操之过急。

第9个月第3周

亲爱的妈妈,进餐时尽量营造全家温馨的气氛,把那些有可能使孩子分心的东西挪开。如果孩子在餐桌上只是玩弄餐具、食物,而不肯吃东西,这说明孩子不饥饿。这时,可以及时地将食物收走。等孩子饿了就会开始好好地吃饭。孩子虽小,但是他已经有了很强的观察与模仿能力。在餐桌上,如果他看见别人含着满嘴食物讲话、大笑、看电视、敲餐具等,他也会模仿跟着学。所以,大人要注意自己在餐桌上的言行举止,起到好的榜样作用。爸爸妈妈可以用微笑、眼神的接触和宝宝交流,并对宝宝的好的进餐行为表现出积极的回应。

第 9 个月第 4 周

所有的妈妈:亲爱的妈妈,宝宝吃饭要专心,不能边吃边玩,更不能边看电视边吃饭。准备吃饭前,应提前与孩子一起收拾好自己的玩具。进餐时让孩子的注意力放在食物上,鼓励家长与孩子不断地进行交流,告诉宝宝吃的是什么食物。如果孩子拿着玩具吃饭,只需被动地张口接受食物,那意味着他/她有更多的精力注意食物以外的事情,这样不利于食物消化。

仍然母乳喂养的妈妈:现在,宝宝越来越习惯摄入各种各样的辅食,他也一定从中得到了不少乐趣。不过宝宝进步的同时,请妈妈继续坚持母乳喂养,尽可能延长母乳喂养的时间。世界卫生组织建议所有妈妈母乳喂养至宝宝 2 岁或更长时间。

 知识解读

此阶段的婴儿可以开始锻炼咀嚼能力,可以给婴儿喂粗糙食物,如馒头、肉末和磨牙棒等,婴儿通过咀嚼训练,可以锻炼控制舌头的能力和口腔肌肉运动的能力,为将来的语言发育打下基础。此阶段喂奶的次数可以逐渐减少次数,但奶量仍需每天 800 ml 左右。切记不要因为增加辅食而减少奶的摄入量。可以逐步培养定时进餐的习惯,建议每天进餐 5~6 次,包括喂奶 4~5 次,喂辅食 1~2 次。生长发育不理想的婴儿,可以适当增加进餐次数或增加食物的量。相反,超重的婴儿,可适当减少食物摄取。当孩子仅偶尔一次进食量少,不用过分担心,可细心观察,若没有不适的情况,可以下一餐或第 2 天增加食物量。

家长自己的饮食行为是最好的榜样,家长在孩子面前不要表示对食物的偏好或拒绝,应该树立不偏食、不挑食的榜样。同时要给予孩子足够的时间纠正偏食,对偏食、挑食、拒食引起营养摄入不足的孩子应适当补充营养素。

婴儿就餐的地点应相对固定,这样容易使婴儿产生条件反射,有利于食欲的促进。进餐时应消除使孩子分心的因素,例如电视、玩具等会影响孩子对食物的兴趣。婴儿喂食也是促进婴儿进行早期发展的好时机,喂食时要与婴儿面对面,随时观察婴儿的表现与反应,可以与婴儿说话,用微笑、眼神和肢体语言与之进行交流,鼓励婴儿言语应答。

在婴儿情绪颇佳时,喂食的食物口味尽量多样化。每次给婴儿喂食不要超过 30 分钟,可以营造有利于婴儿进食的氛围,但不能强迫。当儿童进食行为良好时,要及时作出正面鼓励。不要用食物作为奖励或惩罚儿童的手段。

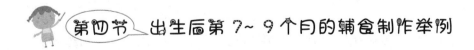

第四节 出生后第 7~9 个月的辅食制作举例

下面是一些适合于此月龄儿童添加的辅食。

1. **肉泥蛋羹** 蒸蛋羹时放入少许肉泥(图 5-1)。

图5-1 肉泥蛋羹

2. 蔬菜碎肉粥 将牛肉或猪肉末放入熬好的粥中,出锅前将蔬菜末加入调匀(图5-2)。

图5-2 蔬菜碎肉粥

3. 菠菜肝泥粥 将猪肝煮熟制成肝泥状,放入熬制好的粥中,同时加入菠菜泥(图5-3)。

图5-3 菠菜肝泥粥

第五节 出生后第10个月：鼓励顺应性喂养

第10个月第1周

亲爱的妈妈，宝宝满9个月了，运动能力明显增强，可以独自站立了。现在宝宝每天约有600 ml母乳或配方奶就已足够了，而要逐渐增加辅食的种类和数量。除一日三餐外，可在上午、下午各加一次点心，三餐的主食可以是各种谷物做的稠粥，还要保证一定量的鱼肉、瘦肉、蛋类、豆制品以及各种蔬菜和瓜果的摄入。应鼓励孩子自己进餐部分食物，也许宝宝会吃得满嘴满脸，但这就是孩子与食物的"亲密"接触。

第10个月第2周

亲爱的妈妈，现在孩子的食物应从稠粥转为软饭，从烂面条转为包子、饺子、馒头片，从菜末、肉末转为碎肉。可以试着让宝宝自己拿着包子或者馒头片吃。从进食规律方面考虑要向一日三餐二点二顿奶规律地进食方式转变。父母应有意识地建立顺应性喂养的氛围，即当宝宝发出饥饿或饱腹的信号时应及时给予正面、积极的反应与反馈，饥饿时要及时喂食，或饱腹时不强迫喂食。

第10个月第3周

亲爱的妈妈，你现在给宝宝喂饭的时候，宝宝是不是总爱抢你手中的勺子，似乎对勺子的兴趣远远大于食物。如果是，提示你该让宝宝学习用勺吃饭了。建议妈妈给宝宝准备一把塑料软勺，一个不怕摔碎的小碗，让宝宝学习用勺吃饭。即便勺子掉了，或者宝宝把饭菜弄得到处都是，家长也不要责怪宝宝，以免打消宝宝的积极性，家长应在旁边给予鼓励。逐渐地,宝宝会熟练起来,可以自己独立进餐了。

第 10 个月第 4 周

所有的妈妈: 亲爱的妈妈,1 岁前的最后 3 个月,是宝宝在第 1 年里最善于模仿的时期,父母要利用好这宝贵的时期。和宝宝不停地说话与交流,这对宝宝的各方面的智能发育是非常有好处的。家长可以为宝宝准备条状食物,方便抓取,增加孩子自主进食的兴趣,有利于宝宝手眼动作协调。但宝宝自己用手拿东西吃时,身旁一定要有成年人看护,记得不要在玩耍的时候吃东西。

仍然母乳喂养的妈妈: 你的母乳喂养做得很不错,请继续坚持母乳喂养,直至孩子 2 岁或更长时间。欢迎你向其他妈妈传授母乳喂养的经验,帮助他人更好地做到母乳喂养。

 **知识解读**

10～12 月龄的婴儿可以进食碎食物。

家长在喂养婴幼儿时应努力培养顺应性喂养的方式,即当宝宝发出饥饿或饱腹的信号时应及时给予正面、积极的反应与反馈,饥饿时要及时喂食或饱腹时不强迫喂食。即使宝宝还不会说话,他(她)也有很多种方式释放出各种信号,来表达饥饿和饱腹感。作为父母,识别信号并作出及时、积极的反应,将有助于宝宝建立进食调节能力的反馈。父母与宝宝在喂养过程中应承担的角色为:父母提供食物,宝宝决定进食量。这种方式称为顺应性喂养(responsive feeding)。顺应性喂养的首个要求即按需喂养,如果逐渐培养孩子在规定的时间进餐,则孩子越容易在固定的就餐时间感觉饥饿,这也会更加促进孩子规律饮食,培养良好的膳食摄入行为。

顺应性喂养可以帮助孩子建立良好的饮食习惯,降低孩子发生超重与肥胖,并且使家庭准备食物更加便捷,也有助于增进父母与孩子的情感。鼓励顺应性喂养,也就意味着在喂养过程中,家长需要密切注意孩子对于食物或进餐发生的信号,是否被周围事物吸引注意力,是否表现出饱腹感。宝宝饥饿时发生的信号往往是当看到食物时显得兴奋,身体或头主动靠近食物,关注食物,眼睛随着食物移动视线。宝宝饱腹时发生的信号往往是吐出或往外推食物,很容易被食物以外的事物分心,紧闭嘴巴不肯进食,把头转向远离食物的方向,开始玩食物。

顺应性喂养的目的是保护婴儿的进食自控力,对孩子发生的饥饿或饱腹的信号要及时作出应答,婴儿饥饿时要及时喂食,吃饱了要停止喂食,切不可强迫进食完器皿中的全部食物。其实婴儿在较早期就已经具备根据能量需要调节进食量的能力。但是家长的控制与干预,往往会削弱儿童对进食量的自我调节能力。如果不让婴儿自己感受体验饥饿与饱腹感,会渐渐失去对进食量的自我控制能力。忽视婴儿自身的自我调节能力,而过多地施以外界对进食的干预,如鼓励与限制,则会极大地减弱婴儿通过饥饿和饱腹的内部信号调节能量摄入的能力,直至能力丧失,从而对儿童的饮食行为产生永久的不良影响,最终导致过度进食,发生儿童或成年期超重或肥胖。提倡有意识地让婴儿自己捧着杯子喝水,也是培养宝宝进食自控力的方法。

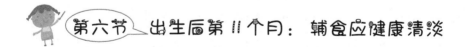

第六节 出生后第 11 个月: 辅食应健康清淡

第 11 个月第 1 周

亲爱的妈妈,宝宝满 10 个月了,宝宝可以很好地手、膝并用爬行了,动作非常协调。父母应注意营养均衡、食物品种要多样化,经常更换,让孩子有机会接触各种食物,熟悉它们的口味,可以避免造成挑食和偏食。家长不要在孩子面前表现出对某种食物的厌恶,以避孩子养成挑食的习惯。

第 11 个月第 2 周

亲爱的妈妈,虽然有很多父母偏爱重口味的菜肴。但给宝宝喂的辅食却应该以"天然"的口味呈现,不要在婴儿食品中添加人工调味料(如味精),不要用这种方法来试图增加婴儿对食品的兴趣。清淡口味有助于促进孩子未来健康膳食行为,减少高血压与心血管疾病的发生。直接给孩子吃水果而非喂果汁,这样可以摄入较多的纤维素,有利于肠道蠕动。

第 11 个月第 3 周

亲爱的妈妈,请记得尽量不给或少给婴儿吃甜的食品,也不要向辅食中添加糖,太早接触甜的食物会使婴儿过早地产生对甜食的偏好,导致糖摄入过多,将来易出现龋齿和肥胖问题。不要让孩子接触各种口味的含糖饮料,培养孩子喝白水的习惯。有的妈妈担心宝宝营养摄入不全面,购买了很多"营养素"给宝宝。其实,除非经诊断需要特别补充营养元素外,从食物中摄取的微量元素是最有效最安全的方式。

第 11 个月第 4 周

所有的妈妈:亲爱的妈妈,宝宝现在可能可以完全靠自己拿稳杯子喝水了,他可能也可以轻松地将一勺食物送到口中。怎么才能让孩子喜欢上蔬菜呢?做出的菜颜色搭配要好看;菜要切碎,应按与蔬菜纤维的走向垂直的方向切;对于确实很难嚼碎的蔬菜,可以剁成馅包饺子或馄饨;家人要带头与孩子一起吃蔬菜,并通过正面性言语鼓励孩子进食蔬菜。

坚持母乳喂养的妈妈：请坚信母乳喂养对宝宝和自己带来的益处，继续进行母乳喂养。请向你周围的其他妈妈传授母乳喂养的经验，帮助他人更好地做到母乳喂养。

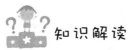 知识解读

家长在添加辅食中需持续注意，首先，不要在婴儿食品中添加调味料，尽量不加盐或加少量盐，清淡的口味也有助于促进孩子未来健康膳食的行为，减少高血压与心血管疾病的发生。第二，尽量不给或少给婴儿吃甜的食品，不要向辅食中添加糖，太早接触甜的食物会使婴儿过早地产生对甜食的偏好，导致糖摄入过多，将来出现龋齿和肥胖问题；也不要给宝宝喝蜂蜜水，因为蜂蜜中可能带有肉毒杆菌芽胞。第三，尽量给予白开水，而非果汁，因为果汁口感较甜，容易使婴儿养成偏好甜食的习惯。建议直接给孩子吃水果，可以摄入较多的纤维素，有利于肠道蠕动。

家长请记住，每位宝宝的身体需求各不相同，没必要相互攀比；根据不同的作息情况进行合理喂养，活动量增大时可以适当地多准备一些食物；不要强迫宝宝必须吃完准备的所有食物。掌握科学喂养的方法，做自信的父母亲（养育者）是最重要的。

第七节 出生后第12个月：培养宝宝规律进餐

第12个月第1周

亲爱的妈妈，宝宝现在可以抓着你的手走得很好了。若你前期已

尝试了顺应性喂养方式,宝宝现在应该已逐步建立起定时定量的饮食模式。一日三餐可以给宝宝吃菜粥或烂面条,上午及下午可以各固定一次时间喂宝宝吃一次点心。如果孩子有了一点进步,家长都需及时地给予鼓励。

第12个月第2周

亲爱的妈妈,让孩子养成良好的进餐规律会为他的终身健康打下良好的基础。通过定时、定量、固定的进餐场所,创造良好进餐环境可以让孩子建立条件反射。当然,不是说机械地按照钟点进餐,时间一到就填鸭式地喂饭。而是应该在进餐前给孩子一些准备进餐的暗示,比如告诉孩子快吃饭了,和孩子一起收起玩具、洗手、摆餐具等。可以让宝宝坐在餐桌前,与家人共同进餐。这样一方面可以提高宝宝吃饭的兴趣,另一方面也可以让宝宝适应成人进餐的环境和规律。

第12个月第3周

亲爱的妈妈,各种辅食的添加,尤其是蔬菜和水果中的膳食纤维可以很好地缓解宝宝便秘的状况。现在,宝宝每天应吃深色蔬菜与浅色蔬菜各 50 g,还应保证 50 g 水果的摄入。蔬菜和水果不能互相取代,宝宝的日常饮食中这两类食物每天都要按需要添加。

第12个月第4周

亲爱的妈妈,祝贺啊,宝宝马上就要过 1 岁生日啦!妈妈要注意养成宝宝均衡膳食、不挑食的习惯,培养孩子良好的饮食规律。需注意:少吃零食,特别是膨化食品;避免孩子挑食,根据孩子的特点,努力变换食物的制作与烹调方法,增加孩子对食物的兴趣;饭前不给宝宝吃其他食物。

第12个月第5周

所有的妈妈:亲爱的妈妈,宝宝 1 周岁了,大多数宝宝可吃的食物种类已经与家庭其他成员接近。孩子即将告别婴儿阶段,进入幼儿期。未来的岁月,孩子在膳食摄入方面仍会有较大的变化与发展,家长对于孩子适宜的膳食行为培养仍然任重而道远。保持积极、乐观的心态,恰当地关注来源可靠的儿童保健专业知识,将帮助你和家人培育出健康的下一代。

坚持母乳喂养的妈妈:你是一位成功母乳喂养的妈妈,恭喜你!你的宝宝将从你坚持不懈的母乳喂养中终身受益,请努力持续母乳喂养至孩子2周岁。你母乳喂养的经历,将帮助其他妈妈成功地进行母乳喂养,请传播你的个人经验,帮助他人更好地做到母乳喂养。

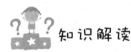 **知识解读**

6～12月龄是宝宝人生中最初尝试各种食物的阶段,宝宝与各种食物的最初接触与感受全部来自父母或养育者的喂养,因此,科学、合理地准备宝宝的食物,有意识地建立健康的进餐环境、关注宝宝的各种感觉信号并给出回应,将有助于帮助宝宝在生命的早期阶段建立规律饮食和良好的进餐习惯,而这将对宝宝一生的健康受益无穷。

中国营养学会总结6～12月龄婴儿膳食需求与特点,绘制成了宝塔(图5-4)如下(膳食宝塔中建议的各类食物摄入量都是指食物可食部分的生重)。

(1) 继续母乳喂养。

(2) 母乳不足时,可补充婴儿配方食品(母乳、婴儿配方食品600～800 ml)。

(3) 逐渐添加辅食,至12月龄时,可达到如下种类和数量。

至 12 个月时,宝宝每天可以进食

- 植物油:1 小勺(5～10 g)。

- 鱼/禽/畜肉:3 勺(25～40 g)。

- 蛋黄或鸡蛋:1 个。

- 蔬菜:3 大勺(25～50 g)。

- 水果(苹果/梨/香蕉/猕猴桃):1/4 盘(25～50 g)。

- 谷类:½～1 小碗(40～110 g)。

- 奶类:500 ml。

宝宝满 1 岁后,可以逐渐喂食软饭、切碎的肉和菜。到满 1 岁半后,可以吃切碎的家常菜,可以逐渐与父母家人一起共餐。

图 5-4 出生第 7～12 月龄婴儿平衡膳食宝塔(改编
自中国营养学会妇幼分会颁布的《中国孕期、
哺乳期妇女和 0～6 岁儿童膳食指南》.2010)

第八节 出生后第 10~12 个月的辅食制作举例

根据10~12个月婴儿生长发育的特点,列举辅食制作如下。

1. **肉丸蔬菜汤** 将猪肉或牛肉切碎,加入少量淀粉,搓成肉丸,与蔬菜一起制作成汤(图5-5)。

图5-5 肉丸蔬菜汤

2. **三文鱼菠菜胡萝卜粥** 在熬制好的粥中加入切好的三文鱼丁,再加入菠菜末与胡萝卜末(图5-6)。

图5-6 三文鱼菠菜胡萝卜粥

3. 金枪鱼三明治　将金枪鱼煮熟,切成鱼泥状,加入少量的西芹末与番茄末,与少量色拉酱一起调匀,涂抹于面包上(图 5-7)。

图 5-7　金枪鱼三明治

（蒋　泓　李　沐　王　芳）

1. 世界卫生组织,联合国儿童基金会.婴幼儿喂养全球战略.2003.

2. 中国营养学会妇幼分会.中国孕期、哺乳期妇女和 0～6 岁儿童膳食指南.北京:人民卫生出版社,2010.

3. 刘纪平.1 岁婴儿家庭养育必读.成都:四川少年儿童出版社,2004.

4. 桂永浩,邵肖梅,徐秀.健康宝宝 0～6 岁儿童养育大全.上海:上海科技教育出版社,2003.

5. 区慕洁.婴幼儿的科学喂养——构筑一生健康的基石.北京:人民卫生出版社,2008.

6. 沈炯,孙俊安.0 岁宝宝营养餐.上海:百家出版社,2005.

7. 蒋竞雄,赵丽云.婴幼儿营养与体格生长促进.北京:人民卫生出版社,2014.

8. 杨国军.中国 0～6 岁儿童膳食指南.北京:中国妇女出版社,2017.

图书在版编目(CIP)数据

孕前、产前保健与婴儿喂养实用指南/蒋泓主编. —上海：复旦大学出版社,2018.5
ISBN 978-7-309-13604-3

Ⅰ. 孕…　Ⅱ. 蒋…　Ⅲ.①优生优育-指南②妊娠期-妇幼保健-指南③婴儿-哺育-指南
Ⅳ.①R169.1-62②R715.3-62③TS976.31-62

中国版本图书馆 CIP 数据核字(2018)第 058492 号

孕前、产前保健与婴儿喂养实用指南
蒋　泓　主编
责任编辑/傅淑娟

复旦大学出版社有限公司出版发行
上海市国权路 579 号　邮编：200433
网址：fupnet@ fudanpress.com　http://www.fudanpress.com
门市零售：86-21-65642857　团体订购：86-21-65118853
外埠邮购：86-21-65109143　出版部电话：86-21-65642845
杭州日报报业集团盛元印务有限公司

开本 787×960　1/16　印张 8　字数 91 千
2018 年 5 月第 1 版第 1 次印刷

ISBN 978-7-309-13604-3/R·1681
定价：35.00 元